Network Management in Cloud
and Edge Computing

云计算和边缘计算中的网络管理

张宇超 徐恪 著

张宇超 译

机械工业出版社
China Machine Press

图书在版编目（CIP）数据

云计算和边缘计算中的网络管理 / 张宇超，徐恪著；张宇超译 . —北京：机械工业出版社，2021.1（2021.11 重印）

（云计算与虚拟化技术丛书）

书名原文：Network Management in Cloud and Edge Computing

ISBN 978-7-111-66983-8

I. 云… Ⅱ. ① 张… ② 徐… Ⅲ. ① 云计算 – 计算机网络管理 ② 无线电通信 – 移动通信 – 计算 – 计算机网络管理 Ⅳ. ① TP393.027 ② TN929.5

中国版本图书馆 CIP 数据核字 (2020) 第 237158 号

本书版权登记号：图字 01-2020-3984

First published in English under the title

Network Management in Cloud and Edge Computing

by Yuchao Zhang and Ke Xu

Copyright © Springer Nature Singapore Pte Ltd. 2020

This edition has been translated and published under licence from Springer Nature Singapore Pte Ltd.

云计算和边缘计算中的网络管理

出版发行：机械工业出版社（北京市西城区百万庄大街 22 号　邮政编码：100037）		
责任编辑：孙榕舒	责任校对：李秋荣	
印　　刷：北京建宏印刷有限公司	版　　次：2021 年 11 月第 1 版第 3 次印刷	
开　　本：186mm×240mm　1/16	印　　张：10.75	
书　　号：ISBN 978-7-111-66983-8	定　　价：69.00 元	

客服电话：(010) 88361066　88379833　68326294　　投稿热线：(010) 88379604
华章网站：www.hzbook.com　　读者信箱：hzjsj@hzbook.com

Preface 前　　言

　　云计算和边缘计算是近些年较为流行的网络技术，各有优势。本书聚焦云计算和边缘计算两大趋势上的挑战并给出了相应的解决方法。

　　传统的云服务为网络用户提供了越来越方便的服务，但资源的异构性和服务器配置的不同均为网络性能带来了严峻的挑战。这些挑战存在于应用程序处理的整个过程中。首先，当终端用户向一个网络应用程序发送请求时，服务器会进行访问控制并决定是否接受该请求。然后，服务器应该进一步对所有接受的请求进行优先级调度和传输控制。进而，当某请求得到允许时，服务器将调用服务器通信进行协作处理以满足功能需求。最后，对于应用程序后端的跨地区数据同步与备份，需要由不同的网络数据中心（Internet Data Center，IDC）进行信息同步和数据传输操作，以保障应用程序的安全和性能。为了向网络用户提供更高性能和更短时延，本书阐明了网络应用程序请求的上述四个处理过程。对于每一个过程，本书提出了已验证的有效解决方案和优化方案。

　　新兴的边缘计算在用户附近提供了就近的计算和缓存操作，因而在高吞吐和高实时性等方面具备明显的优势。但由于边缘的限制，其设计原则与云端完全不同。本书聚焦计算和存储两大问题，以短视频缓存和车联网计算为例，介绍了解决这些挑战的控制机制。

　　总的来说，本书首先分析了云计算和边缘计算的工作流程，然后针对这两种趋势提供了详细的解决方案，能够为传统的数据中心网络和新兴的边缘网络的发展提供参考和建议。

本书组织

　　本书共 8 章，分为两个逻辑部分。尽管每章之间存在着连续性和对比关系，但我们尽量使每一章独立，以达到最大的阅读灵活性。

第1章 数据中心具有虚拟化资源环境、模块化基础设施、自动化运维管理、快速扩展能力、高效资源利用、可靠冗余备份等特点。边缘计算由于距离终端用户较近，在延迟方面具有优势，但各种业务应用程序的爆炸式增长，对边缘服务器的基本功能和服务性能提出了更高的要求。本章简要介绍了这两大趋势。

第2章 本章给出了一个关于云计算和边缘计算相关问题的全面调研，包括：整个云计算过程（从服务接入数据中心，到数据传输控制，再到服务器后端通信，以及数据同步服务支持），以及与边缘存储和边缘计算相关的关键问题。我们对这些主题的相关工作进行了深入分析。

第3章 本章设计了一种新型的任务访问控制机制，用以解决不同应用请求之间的公平性问题，并指出现有机制的局部公平性会导致全局公平性的失效。本章设计的访问机制对每个中间服务器进行了延迟预测，预计算请求的总体响应延迟，并根据估计的响应延迟重新分配和调整数据中心资源，使得负载流的整体延迟保持在用户可忍耐的范围内，减少用户流失。

第4章 本章针对终端系统与用户之间的传输协议问题，设计了终端系统的跨层感知调度机制（任务级感知和流级感知），并利用ECN机制的通信，减少了多任务的完成时间。具体来说，本章首先研究任务级和流级的调度机制对数据中心任务调度效果的潜在影响，从而提出任务和流协同感知（TAFA）算法并介绍其中的联动关系。通过基于优先级调整的任务调度策略，使数据流和任务的调度顺序更加合理，进而使任务的资源竞争最小化。

第5章 本章通过主机间的容器重分配来解决同一应用程序的组内通信问题。具体来说，本章设计了一种可以使用新的两阶段在线调整算法来检测容器之间的通信的容器重分配机制FreeContainer。与现有优化策略不同，FreeContainer并不直接以平衡容器分配为目的，而是在第一阶段进行主机清扫，为下一阶段的重分配算法腾出更多空间。第二阶段即容器重分配阶段设计一种改进的变量邻域搜索算法来寻找一个更好的分配方案。FreeContainer算法不需要硬件修改，并且对在线应用程序完全透明。这个算法曾被部署在百度的服务器集群上，并在真实的网络环境中进行了广泛的测量和评估。在线应用请求的数据结果表明，在流量突发环境下，FreeContainer可以显著降低容器之间的通信开销，提高集群的吞吐量。

第6章 本章介绍用于大规模数据同步任务的传输调度平台 BDS+ 系统。具体来说，BDS+ 使用一种集中控制的方法来协调在线应用服务与离线数据传输任务。通过实现在线流量的实时预测，BDS+ 能够在不同的传输任务之间进行动态带宽资源分配，根据任务优先级实现了流量最大化。为了验证 BDS+ 系统的传输性能，曾将该系统在百度的内网上进行部署，并与现有技术进行了对比，结果表明 BDS+ 能够将离线数据同步速度提高 3 ～ 5 倍。

第7章 本章介绍一种用于提高短视频网络缓存性能的分布式边缘缓存系统 AutoSight。AutoSight 由两个主要组件组成，分别为：预测器 CoStore，通过分析复杂的视频相关性，解决短视频非平稳和不可预测性的问题；缓存引擎 Viewfinder，通过对视频流行度在时间和空间两个维度的影响关系进行分析，自动调整未来缓存决策的时间范畴。这些灵感和实验数据均基于 33 个城市 488 个服务器的 2800 多万条视频和 1 亿多次访问的真实轨迹。实验结果表明，AutoSight 对短视频网络中的分布式边缘缓存性能具有显著的提升作用。

第8章 本章通过分析动态时序网络的可控性，提出了边缘网络可控性的计算方法。以车联网为例，分析了利用控制节点实现全网可控的思路，设计了控制节点的选取方法，并计算出控制节点的最小数目，以保证网络的可控性。这些见解对于未来边缘网络的应用控制至关重要。

致谢

本书涉及的主要工作分别在清华大学计算机科学与技术系、香港科技大学和北京邮电大学完成，感谢上述机构对我们研究工作的支持。同时，感谢我们组的研究生吴双、李朋苗、丛培壮、王然、张世焱的帮助和贡献。此外，感谢百度、华为和快手公司的有效合作。

最后，我们希望本书能够为研究人员、学生和其他参与相关主题研究的工作人员提供参考和帮助，也期待本书能够激励更多有志之士在云计算和边缘计算领域做出自己的贡献。

目 录 *Contents*

第 1 章 *Chapter 1*

引　言

摘要　数据中心具备虚拟化的资源环境、模块化的基础设施、自动化的运维管理、快速的扩展能力、高效的资源利用，以及可靠的冗余备份等诸多特性。虽然边缘计算因与终端用户的距离较短而在延迟方面具有优势，但各种业务应用的爆炸式增长对边缘服务器的基本功能和服务性能提出了更高的要求。本书将详细分析这两种趋势。本章介绍研究背景、内容摘要、主要贡献以及其余各章的内容安排。

1.1　研究背景

　　链式服务技术的成熟正在改变云应用的格局。目前云服务器可以使用不同的独立组件，从而为互联网用户提供经济、高效且可靠的服务。众所周知，服务链中的工作负载比传统的非交互式（或批处理）工作负载更为复杂：科学计算和图像处理等非交互式工作负载可以在一个特定的服务器上进行处理，不需要与其他服务器进行交互。由于该类任务不具有时间敏感特性，因此只要保证能在规定时间内完成即可，进而可以安排它们在任何时间运行。然而，基于服务链的交互式工作负载需要经过多个独立组件来使用相关的功能，这将不可避免地引入额外的时延。同时，这些交互式链式服务通常处理的是用户的实时请求，例如商业交易和复杂的游戏控制等。因此，亟须保证链式服务的性能。

如今，数据中心已成为现代计算基础设施的基石，并且是 IT 资源外部化的主要范例。数据中心任务通常包含大量且复杂的流，这些流可能在不同时间遍历网络的不同部分。为了最大限度地减少不同任务之间的网络竞争，任务序列化是一个广泛认可的解决策略。这种方法采用任务级测度，旨在通过同步的网络访问，实现一次服务一项任务。虽然序列化是避免任务级干扰的明智设计，但我们的研究表明，任务中的流级网络竞争会在很大程度上影响任务完成时间。这不仅延长了后续流程以及平均任务完成时间，而且降低了系统为延迟敏感型应用程序提供服务的性能。

容器化 [1] 具有轻量、可扩展、高度可移植和隔离良好等优势，这些优点使其成为一种流行的虚拟化技术。诸如 docker[2] 等软件容器化工具的出现，进一步允许用户在任何基础设施的顶层创建容器。因此，越来越多的服务提供商将服务以容器的形式部署到现代数据中心。

对于 Google、Facebook 和百度这样的大型在线服务提供商，数据中心（Data Center, DC）间海量数据的组播是一种重要的数据通信形式，它将大量数据（如用户日志、Web 搜索索引、共享照片、博客帖子等）从一个 DC 复制到多个分布在其他地理位置的 DC。我们通过研究百度的工作负载，发现 DC 间的组播已经占据了 DC 间所有流量的 91%，这一现象证实了其他大型在线服务提供商的流量模式以 DC 间组播为主 [3,4]。随着越来越多的 DC 被部署到全球各地以及海量数据的膨胀，DC 间的流量需要以频繁且高效的方式进行组播复制。

尽管目前已经存在大量关于提升 DC 间网络性能的研究（如文献 [3,5-9]），但这些研究始终致力于提高每对 DC 之间的广域网（WAN）路径的性能。然而，这些围绕 WAN 展开的方法是不完备的，因为它们无法利用不同区域的 DC 间的大量应用程序级覆盖路径，也无法利用服务器的容量存储并转发数据。如图 1.1 所示，通过将多个覆盖服务器充当中转点并行地发送数据，可以避开较慢的 WAN 路径和 DC 网络中的性能瓶颈，从而大幅提高 DC 间组播的性能。

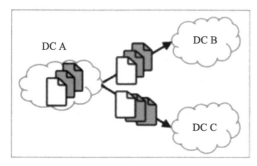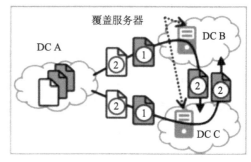

a）在 DC 对组成的 WAN 中直接传输   b）利用覆盖路径传输

图 1.1   一个简单的网络拓扑用例，用于说明覆盖路径如何缩短 DC 间组播的完成时间。假设任意 DC 对之间的 WAN 链路带宽是 1GB/s，并且服务器 A 需要发送 3GB 的数据到服务器 B 和 C。如果分别将数据直接发送至 B 和 C，则传输的完成时间为 3s，如 a 所示。但如果同时使用覆盖路径 A→B→C 和 A→C→B，则传输完成时间将减少到 2s，如 b 所示。图中的带圈数字标明了每个数据片发送的顺序

需要强调的是，这些覆盖路径应该是瓶颈不相交的，也就是说，这些覆盖路径不共享同一段瓶颈链路（例如图 1.1 中的覆盖路径 A→B→C 和 A→C→B）。一般在 WAN 网络中，不同地理分布的 DC 之间存在大量可用的覆盖路径。

近年来，由于 5G 技术和边缘计算的发展，许多基于边缘服务器的应用层出不穷。例如，许多短视频平台（如快手[10]、抖音 /TikTok[11]、YouTube Go[12]、Instagram Stories[13] 等）飞速发展，这些平台允许用户记录和上传自己的短视频（通常在 15s 以内）。由于遍布世界各地的用户大量上传自己制作的短视频，因此，与传统的集中式内容交付网络（Content Delivery Network，CDN）相比，现代网络的缓存问题变得更具挑战性，而传统 CDN 的流量在较长时间内会受到一些热门项的控制[14]。为了应对规模的扩大并提高用户的体验质量（Quality of Experience，QoE），而新兴的边缘计算自然能满足分布式存储的需求，因此上述平台已经使用边缘缓存服务器来存储和传递大量短视频，从而避免因所有请求均需从后端 / 原始服务器获取而引入的用户可

感知的额外延迟。

除了基于边缘的存储以外，随着物联网技术的快速发展，大量可以接入网络的智能设备如雨后春笋般出现，基于边缘的计算也已在许多领域发挥了相应的作用。但是，这些智能设备和传统设备有所不同，尤其是凸显移动性的设备，例如车联网中快速行驶的车辆等，这导致网络呈现出了很强的动态性。实际上，动态网络存在于我们生活的方方面面，例如延迟容忍网络、机会移动网络、社交网络、情感网络等[15,16]。这些网络的拓扑结构具有时变性，也就是说，各个节点之间的连接状态具有不规律性。这将导致整个网络的可控性变得难以保持。为了应对这一挑战，有必要提出一种分析和解决动态网络可控性问题的基于边缘计算的方法。

1.2　内容摘要

本书的第 2 章给出了云计算与边缘计算的一些相关工作，对云计算业务处理流程中的关键环节和边缘网络中存储与计算的相关研究进行了综述，对国内外学者的前沿研究做了较为全面的系统介绍。

在第 3 章，我们给出了对百度云平台上的交互式工作负载的测量和分析。实际情况表明，这些交互式工作负载比一般的非交互式工作负载要承受明显更长的延迟。图 1.2a 展示了一个典型案例，其中糯米是一个团购应用程序，百度外卖是一个外卖服务，而支付宝是一个在线支付平台。当用户单击糯米上的项目时，延迟很短，因为此查询不需要服务之间有许多交互。但是，当用户订购外卖或购买商品时，情况就有所不同了。在这种情况下，请求将先后经过糯米、百度外卖，然后再跳转到支付宝。换句话说，这种交互式工作负载由一组高度相关的操作组成，每个操作在不同的服务器上分别处理，如图 1.2b 所示，交互式工作负载有 6 个阶段，非交互式工作负载只有 2 个阶段。很容易看出，由于链式应用程序的请求由不同的服务多次处理，此类交互式工作负载将给用户带来额外的延迟。

不幸的是，我们发现大多数现有的工作负载调度方法旨在于服务器内部各个队列上重新调度[17]并设置不同的优先级[18,19]。换句话说，这些优化是在中间服务器上各自进行的，导致交互式工作负载的总体延迟仍然不可预测。为了更好地优化链式服务的整体延迟，本书应用了一种延迟估计算法来预测整体延迟，并尝试在链式应用的每个环节加速交互式工作负载。此外，我们设计了一种反馈方案，以避免非交互式工作负载的性能受到影响，即确保不同负载间的公平。在百度上的实际部署表明，本书提出的延迟保证框架（D^3G）可以成功减少交互式应用程序的延迟，同时对其他工作负载的影响最小。

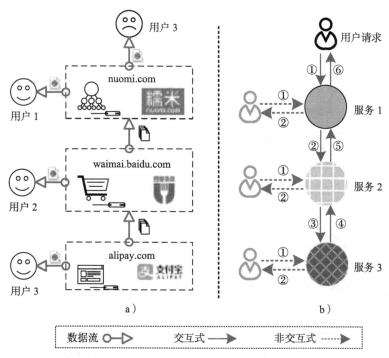

图1.2 交互式和非交互式工作负载的流程

在第4章，我们首次探索了流（flow）级信息和任务（task）级信息对数据中心任务调度产生的潜在影响。我们提出了TAFA（任务和流协同感知），通过合理利用跨级别信息，获得更好的串行化并最小化流和任务的资源竞争。TAFA对任务调度采用动态优先级调整策略。与FIFO-LM[20]不同的是，这种设计可以成功地模拟最短任务优先调度,而不需要任务的先验知识。此外,TAFA 提供了一种更合理、更有效的方法来缩短任务完成时间,该方法考虑了任务中不同流之间的关系,而不是把它们都看作相同的流。通过流级的智能调整,TAFA 缩短了短流的等待时间和完成时间。一个任务的总体等待时间由等待时间和处理时间组成,TAFA 首次将这两部分结合了起来。为了缩短处理时间,TAFA 解决了资源占优的匹配问题,并且将不同的需求和虚拟机(VM)划分为不同资源支配的类型。通过为不同资源占优的需求分配相应的资源占优的 VM,可以更快地完成处理工作。

第 5 章聚焦云计算中的后端服务器处理过程。通常,每个模块化的网络服务一般会被实例化为一组容器,并且,同属于一个服务的一组容器之间往往需要相互通信才能完整地交付所需的服务 [21-24],这将引入大量跨服务器的通信,降低服务性能 [19,21]。如果能将这些容器放置在同一服务器上,则能大大降低通信的开销。然而,同属于一个服务的容器通常需要同一种资源(例如,大数据分析服务的容器 [25-27] 往往是 CPU 密集型的,数据传输应用的容器 [4,28-31] 往往是网络 I/O 密集型的)。在同一服务器上分配这些容器可能会导致服务器资源利用率严重失衡,进而影响系统可用性、响应时间和吞吐量 [32,33]。因此,一个好的容器放置方案需要满足下述条件:首先,需要能够防止任何一台服务器过载或崩溃,以保证服务可用性;其次,当服务器的资源利用率很高时,通常会生成指数响应时间 [34],因此容器放置方案需要确保服务器承受的是可接受的资源利用率,从而使其具有较快的响应时间;最后,在容器负载均衡的情况下,没有服务器会成为瓶颈,以此提高系统的整体吞吐量。

如图 1.3 的例子所示,假设有两个服务(S_A 和 S_B)需要部署到两台服务器上,每个服务具有两个容器(分别是 C_{A1}、C_{A2} 以及 C_{B1}、C_{B2}),并且 S_A 的容器是 CPU 密集的,而 S_B 的容器是网络 I/O 密集的。图 1.3a 展示了一个分配方案,此方案分别在每台服务器上分配一个 S_A 的容器和一个 S_B 的容器。这一方案可以使 CPU 和网络 I/O 这两种资源的利用率达到较高水平,但也会导致两台服务器之间产生较高的通信成本。图 1.3b 展示了另一种解决方案,这种方案将同一服务的两个容器分配在相同的服务器上,容器间的通信开销因此大幅降低,但两台服务器上 CPU 和网络 I/O 的资源利用率却极度不均衡。

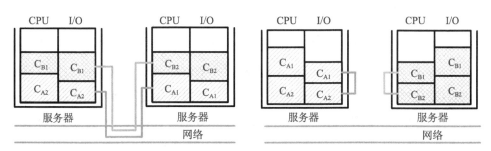

a）网络通信开销大，资源利用率均衡　　　　b）资源利用率不均衡，网络通信开销小

图 1.3　容器通信与服务器资源利用率之间的冲突

我们基于百度的一个具有 5876 台服务器的数据中心，进一步研究了容器通信和资源利用率之间的冲突。数据显示，为了降低通信开销，在这一数据中心里，属于相同服务的容器被放置在尽可能邻近的位置上。表 1.1 给出了数据中心服务器中的前 1%、前 5% 和前 10% 的 CPU、MEM（内存）和 SSD（Solid State Disk，固态硬盘）利用率，数据表明服务器之间的资源利用率十分不均衡。

表 1.1　百度某数据中心的资源利用率（http://www.baidu.com）

资源	前 1%	前 5%	前 10%	均值
CPU	0.943	0.865	0.821	0.552
MEM	0.979	0.928	0.890	0.626
SSD	0.961	0.927	0.875	0.530

在保持服务器资源利用率均衡的同时降低容器通信开销向来不是一件简单的事情。本章尝试在大规模数据中心内解决这一冲突。具体而言，这一冲突体现在网络服务生命周期中的两个相关阶段，即容器放置和容器重分配阶段，因此我们相应地研究了这两个问题。首先是容器放置问题，也就是将一组新实例化的容器放置到数据中心中的问题，这一阶段的目标是平衡资源利用率，同时最大限度地降低这些容器之间的通信开销。然后是容器重分配问题，也就是尝试在服务器之间迁移容器来优化容器现有放

置方案，重分配的方法可用于在线定期地调整数据中心中容器的位置。我们将这两个问题表述为多目标优化问题，而且这两个问题都是 NP 难（NP-hard）问题。

对于容器放置问题，第 5 章提出了一种有效的通信感知的最差拟合递减（Communication Aware Worst Fit Decreasing，CA-WFD）算法，该算法将经典的最差拟合递减装箱算法巧妙地扩展到了容器放置。对于容器重分配问题，我们提出了一个名为 Sweep & Search 的两阶段算法，该算法可以有效地寻找容器迁移计划。我们在百度的数据中心部署了该算法，并进行了广泛的实验以评估效果。结果表明，所提出的算法可以有效降低通信成本，同时平衡真实系统中服务器之间的资源利用率。结果还表明，这一算法的资源利用率比某些顶级容器服务提供商所使用的最新策略高 90%。

第 6 章介绍了 BDS+，它是应用程序级近似最优的集中式数据分发系统。BDS+ 将数据分割成细粒度的单元，并通过瓶颈不相交的覆盖路径以动态带宽共享的方式并行发送数据。这些路径是根据网络条件的变化和每个服务器的数据分发状态动态选择的。值得注意的是，BDS+ 选择的是应用程序级覆盖路径，对已有的网络层优化工作而言，是不同层面上的补充。尽管其他情况（例如文献 [35-38]）也已应用了应用程序级的组播覆盖，但在 DC 间构建瓶颈不相交的链路覆盖仍面临着两个挑战。第一是可扩展性。由于每个 DC 都有数以万计的服务器，实时大规模计算并更新覆盖路由决策变得十分困难。为了解决这一难题，有些已有的工作将各个服务器的决策本地化处理 [39-41]，这种方法虽然可以减小计算量，提升计算速度，但同时会因缺乏全局信息而导致决策不理想，或者将其自身限制在严格结构化（例如分层）的拓扑结构中 [42]。第二是干扰性。即使对延迟敏感流量增加微小的延迟也可能导致大量的收入损失 [43]，因此必须严格控制 DC 间批量数据组播的带宽使用，以避免对其他延迟敏感流量造成负面影响。

为了解决这两个挑战，BDS+ 采用了与本地决策相反的方法，集中式地统一控制 DC 间数据传输的调度和路由。BDS+ 的集中式设计基于两个经验观察结果（详见 6.2 节）：虽然做出实时的大规模集中式决策是十分困难的，但大多数数据传输的持续时间至少是几十秒，因此可以容忍稍微延迟一些的决策，以换取基于全局信息做出近似最优的路由和调度；集中式的统一调度决策有助于降低 DC 间离线数据传输对在线延迟敏感流量的干扰。

　　BDS+ 能够在企业中实现的关键在于两方面：一是如何处理决策延迟；二是处理请求的动态到达，以近实时（几秒内）的速度更新覆盖网络。为了解决这一问题，BDS+ 将集中控制过程解耦为调度和路由两个独立的阶段，并证明这种解耦方式的无损性，以此使得 BDS+ 能够在几分之一秒内更新覆盖网络的调度和路由决策。以典型的大型在线服务提供商的流量为例，这种方法比联合解决调度和路由的机制要快 4 个数量级。

　　实际上，离线数据传输与在线延迟敏感流量共享同一 DC 间的 WAN，为了避免对在线流量的干扰，离线数据传输的可用带宽是有上限的。现有解决方案大多根据其峰值为时间敏感的流量保留固定数量的带宽。这种方法虽然保证了严格的带宽分离，但带来了带宽浪费的负面效果，尤其是当在线流量处于谷底时。为了进一步提高链路利用率，BDS+ 实现了动态带宽分离，可以预测在线流量并利用剩余带宽重新安排离线数据传输。换句话说，BDS+ 在批量数据组播和在线流量之间实现了动态带宽分离，从而进一步加快了数据传输速度。

　　我们已经实现了原型并将其集成到百度的系统中。我们首先在 10 个 DC 中部署了 BDS+，并对 500TB 的数据传输进行了为期 7 天（每天约 71TB）的试点研究。实验结果表明，BDS+ 的速度是百度现有解决方案 Gingko 的 3 ～ 5 倍，并且可以消除大容量数据传输造成带宽消耗过多的事件。使用微基准测试可以证明：BDS+ 优于 CDN 中广泛使用的技术，不仅能够通过通用服务器处理百度 DC 间的组播流量，并且可以处理各种故障情况。进而，我们使用跟踪驱动的仿真评估具有动态带宽分离的 BDS+，结果表明，BDS+ 在混合部署了在线和离线服务的网络中进一步将大数据传输速度提高至原来的 1.2 ～ 1.3 倍。

　　第 7 章介绍了边缘计算在存储方面的问题。随着 5G 和边缘计算的飞速发展，越来越多的移动应用对带宽、音视频数据的实时性等方面的要求越来越高。传统的云端 CDN 在提高缓存性能方面做了大量的工作：简单而有效的被动缓存算法，如先进先出（First-In First-Out，FIFO）、最少最近使用（Least Recently Used，LRU）、最少经常使用（Least Frequently Used，LFU）、k-LRU 及其变体；主动缓存算法，如 DeepCache[44] 等。但这些算法的性能在边缘计算的场景中变得十分低下。

第 7 章首先对边缘缓存的应用特点进行了分析。一是**非平稳的用户视频访问模式**。已有被动缓存策略的基本假设是固定的用户访问模式，即最近请求或过去经常请求的内容应该保存在缓存中，因为这些内容将来被访问的机会更大。但一项研究[14] 指出，在短视频网络，受欢迎的内容很快会过期（在几十分钟内），这表明内容在过去受欢迎并不代表未来也会受欢迎，这是这些被动缓存策略失败的根源（详见 7.1.1 节）。二是**视频的时空流行模式**。在不同的边缘缓存服务器上、不同的时间段内，缓存内容的受欢迎程度的变化是不同的。针对快手公司的数据研究表明，在高峰时段，受欢迎视频不到一小时就变得不受欢迎了，而在深夜时段这个过程会超过三小时。现有的试图预测未来内容流行度的主动缓存策略总是关注一个固定的视野时间，这使得它们在时空变化的边缘缓存场景中再次失效。

为了解决上述挑战，我们设计了 AutoSight，这是一种在短视频网络边缘缓存服务器上工作的分布式缓存机制。它允许边缘服务器保留各自的本地缓存视野，以适应本地视频访问模式和视频生命周期。AutoSight 的分布式设计建立在两个实证观察之上：

（1）虽然在独立的边缘服务器上历史视频访问数据是不平稳的（见图 7.1），很难进行流行度预测，然而，在相同的边缘服务器中，视频之间的关联性凸显。这是因为用户倾向于请求相关视频，从而在边缘服务器中贡献了大量的交叉访问，利用这一特点可以提升分布式预测准确率。

（2）虽然时空视频流行模式给未来的缓存策略带来了挑战（见图 7.2），但分布式设计能够允许自适应地调整未来视野，使得不同的边缘服务器能够根据不同的视频过期速度做出决策。

我们实现了一种自动调整视野的缓存系统 AutoSight。实验表明，与传统的被动缓存策略和先进的主动缓存策略相比，AutoSight 具有更高的边缘缓存命中率。

第 8 章介绍了基于边缘的计算控制问题。近年来，关于网络动态性的研究取得了一定的进展，但这些研究只是在数学理论上证明了动态复杂网络的可控性，并没有针对边缘计算网络的动态可控性进行研究。本章从动态网络理论知识出发，分析动态边缘计算网络的可控性问题。以车联网为例，引入控制节点来保证整个边缘计算网络的可控性。

1.3 主要贡献

本书的主要贡献如下：

☐ 在云计算的请求接入阶段：我们给出了百度网络中服务链的测量和延迟分析，揭示了交互式工作负载的长延迟，设计了 D^3G 算法，以一种不同于独立于每台服务器的全局方式加速交互式工作负载，并利用延迟估计算法和反馈方案来确保公平性。在百度网络中的服务器上对该方法进行了评估，大量的实验结果表明，D^3G 算法在确保工作负载公平性的同时，成功地加速了交互式链式应用程序。

☐ 在云计算的任务调度阶段：我们指出任务级和流级信息都会对系统性能产生明显影响，忽略任何一级的感知方案都会导致完成时间增长。因此，我们设计了一个可以同时实现任务感知和流感知的调度框架——TAFA。任务感知确保了短任务优先并且使得 TAFA 能够在没有先验知识的情况下模拟短任务优先调度。流感知优化了调度顺序，进一步缩短了任务的完成时间。之后，我们解决了设计框架中的实用性问题。根据多资源和异构虚拟机环境下的真实环境，使 TAFA 具有一定的可用性。为了避免资源需求和分配之间的不匹配，还需要解决异构流需求与异构虚拟机配置发生冲突时出现的资源匹配问题。

☐ 在云计算的后端服务器响应阶段：我们揭示了把一组实例化的容器放至数据中心是服务器的生命周期中一个必要且重要的阶段，提出了 CA-WFD 算法来解决容器放置问题，并通过实验评估了其性能，在此基础之上，改进了针对容器重分配问题的算法。

□ 在云计算的服务器间通信阶段：我们通过分析百度 DC 间离线数据传输的流量特征，提出了应用程序级瓶颈不相交覆盖网络的传输机制；设计了 BDS+，通过实现在线和离线流量的动态带宽分离，提升了网络的链路利用率；设计了巧妙的集中控制架构，实现了近似最优的数据传输。

□ 在基于边缘的存储缓存问题上：我们深度剖析了快手短视频网络的数据特征，针对分布式边缘缓存策略的需求，提出了一种在短视频网络的边缘缓存服务器中工作的分布式边缘缓存机制 AutoSight，它解决了非平稳用户访问模式和时空视频流行模式的问题。

□ 在基于边缘的计算控制问题上：我们首先介绍了动态边缘网络面临的可控性挑战。以智能车联网为例，设计了用于计算动态网络所需最少控制节点数量的算法。通过实验，我们得出了动态网络不同方面因素对实现网络可控所需控制节点数量的影响。通过部署最少的控制节点来确保整个边缘动态网络的可控性，最大限度地节省资源，提高网络效率，指导动态边缘网络的部署。

1.4 章节安排

第 2 章的组织如下：2.1 节介绍了基于云的服务链的延迟优化，讨论了最小化数据中心延迟的问题；2.2 节介绍了当今的数据中心传输协议的本质；2.3 节介绍了大型网络的容器放置和重分配问题；2.4 节介绍了一个应用程序级集中式近似最优数据分发系统 BDS+；2.5 节介绍了传统 CDN 中的一些代表性缓存策略以及一些相关的边缘缓存系统；2.6 节介绍了动态网络的可控性相关问题。

第 3 章的组织如下：3.1 节测量了不同服务工作负载的性能和延迟；3.2 节为了减少交互式工作负载的总延迟设计了 D^3G 算法，并介绍了其详细设计；3.3 节描述了 D^3G 的部署；3.4 节评估了该算法在百度网络上的实验结果；3.5 节总结了本章的主要工作。

第 4 章的组织如下：4.1 节展示了单独应用流级感知和任务级感知时是如何浪

费资源的；4.2 节详细介绍了 TAFA 跨层感知的控制方案；4.3 节详细分析了影响任务完成时间的两个重要因素；4.4 节介绍了 TAFA 的主要系统框架；4.5 节对 TAFA 进行了验证；4.6 节展示了模拟结果；4.7 节进行了总结，并指出了相关的未来工作。

第 5 章的组织如下：5.1 节介绍了基于容器组的服务的架构。5.2 节定义了容器放置和容器重分配问题；5.3 节和 5.4 节分别提出了上述两个问题的解决方案；5.5 节将我们的解决方案部署在百度的大型数据中心；5.6 节通过广泛的实验，将我们的解决方案与最先进的方案进行比较；5.7 节给出了算法的近似最优性证明；5.8 节总结了本章的主要工作。

第 6 章的组织如下：6.1 节提出了一个应用程序级组播覆盖网络案例；在 6.2 节，为了对延迟敏感流量进行动态分离来优化覆盖网络上的 DC 间组播数据传输，我们提出了一种具有动态带宽分离的完全集中式近似最优的传输系统 BDS+，其用于数据中心间的数据组播；6.5 节介绍了 BDS+ 系统的设计与实现；6.6 节比较了 BDS+ 与现有的三种解决方案的效果；6.7 节总结了本章的主要工作。

第 7 章的组织如下：7.1 节描述了短视频网络，并说明了它与传统 CDN 的本质区别；7.2 节描述了 AutoSight 的详细设计；7.3 节通过真实数据评估了 AutoSight；7.4 节总结了本章的主要工作。

第 8 章的组织如下：8.1 节介绍了应用场景的背景；8.2 节描述了动态边缘网络的控制问题建模并介绍了控制节点发现算法；8.3 节给出了实验结果和分析；8.4 节总结了本章的工作并进行了未来研究展望。

参考文献

1. Soltesz, S., Fiuczynski, M.E., Bavier, A., Peterson, L.: Container-based operating system virtualization: a scalable, high-performance alternative to hypervisors. In: ACM Sigops/Eurosys European Conference on Computer Systems, pp. 275–287 (2007)
2. Docker: http://www.docker.com/ (2016)

3. Kumar, A., Jain, S., Naik, U., Raghuraman, A., Kasinadhuni, N., Zermeno, E.C., Gunn, C.S., Ai, J., Carlin, B., Amarandei-Stavila, M., et al.: BwE: flexible, hierarchical bandwidth allocation for WAN distributed computing. In: ACM SIGCOMM, pp. 1–14 (2015)
4. Zhang, Y., Xu, K., Yao, G., Zhang, M., Nie, X.: Piebridge: a cross-dr scale large data transmission scheduling system. In: Proceedings of the 2016 Conference on ACM SIGCOMM 2016 Conference, pp. 553–554. ACM (2016)
5. Savage, S., Collins, A., Hoffman, E., Snell, J., Anderson, T.: The end-to-end effects of Internet path selection. ACM SIGCOMM **29**(4), 289–299 (1999)
6. Jain, S., Kumar, A., Mandal, S., Ong, J., Poutievski, L., Singh, A., Venkata, S., Wanderer, J., Zhou, J., Zhu, M., et al.: B4: experience with a globally-deployed software defined WAN. ACM SIGCOMM **43**(4), 3–14 (2013)
7. Hong, C.-Y., Kandula, S., Mahajan, R., Zhang, M., Gill, V., Nanduri, M., Wattenhofer, R.: Achieving high utilization with software-driven WAN. In: ACM SIGCOMM, pp. 15–26 (2013)
8. Zhang, H., Chen, K., Bai, W., Han, D., Tian, C., Wang, H., Guan, H., Zhang, M.: Guaranteeing deadlines for inter-datacenter transfers. In: EuroSys, p. 20. ACM (2015)
9. Zhang, Y., Xu, K., Wang, H., Li, Q., Li, T., Cao, X.: Going fast and fair: latency optimization for cloud-based service chains. IEEE Netw. **32**, 138–143 (2017)
10. kuaishou: Kuaishou. https://www.kuaishou.com (2019)
11. TikTok: Tiktok. https://www.tiktok.com (2019)
12. Go, Y.: Youtube go. https://youtubego.com (2019)
13. Stories, I.: Instagram stories. https://storiesig.com (2019)
14. Zhang, Y., Li, P., Zhang, Z., Bai, B., Zhang, G., Wang, W., Lian, B.: Challenges and chances for the emerging shortvideo network. In: Infocom, pp. 1–2. IEEE (2019)
15. Casteigts, A., Flocchini, P., Quattrociocchi, W., Santoro, N.: Time-varying graphs and dynamic networks. Int. J. Parallel Emergent Distrib. Syst. **27**(5), 387–408 (2012)
16. Xiao, Z., Moore, C., Newman, M.E.J.: Random graph models for dynamic networks. Eur. Phys. J. B **90**(10), 200 (2016)
17. Alizadeh, M., Yang, S., Sharif, M., Katti, S., McKeown, N., Prabhakar, B., Shenker, S.: pFabric: minimal near-optimal datacenter transport. ACM SIGCOMM Comput. Commun. Rev. **43**(4), 435–446 (2013). ACM
18. Dogar, F.R., Karagiannis, T., Ballani, H., Rowstron, A.: Decentralized task-aware scheduling for data center networks. ACM SIGCOMM Comput. Commun. Rev. **44**(4), 431–442 (2014). ACM
19. Zhang, Y., Xu, K., Wang, H., Shen, M.: Towards shorter task completion time in datacenter networks. In: 2015 IEEE 34th International Performance Computing and Communications Conference (IPCCC), pp. 1–8. IEEE (2015)
20. Dogar, F.R., Karagiannis, T., Ballani, H., Rowstron, A.: Decentralized task-aware scheduling for data center networks. SIGCOMM Comput. Commun. Rev. **44**, 431–442 (2014)
21. Yu, T., Noghabi, S.A., Raindel, S., Liu, H., Padhye, J., Sekar, V.: Freeflow: high performance container networking. In: Proceedings of the 15th ACM Workshop on Hot Topics in Networks, pp. 43–49. ACM (2016)
22. Burns, B., Oppenheimer, D.: Design patterns for container-based distributed systems. In: 8th USENIX Workshop on Hot Topics in Cloud Computing (HotCloud 16) (2016)
23. Zhang, Y., Xu, K., Wang, H., Li, Q., Li, T., Cao, X.: Going fast and fair: latency optimization for cloud-based service chains. IEEE Netw. **32**(2), 138–143 (2018)
24. Shen, M., Ma, B., Zhu, L., Mijumbi, R., Du, X., Hu, J.: Cloud-based approximate constrained shortest distance queries over encrypted graphs with privacy protection. IEEE Trans. Inf. Forensics Secur. **13**(4), 940–953 (2018)
25. Ananthanarayanan, G., Kandula, S., Greenberg, A.G., Stoica, I., Lu, Y., Saha, B., Harris, E.: Reining in the outliers in map-reduce clusters using mantri. OSDI **10**(1), 24 (2010)

26. Li, M., Andersen, D.G., Park, J.W., Smola, A.J., Ahmed, A., Josifovski, V., Long, J., Shekita, E.J., Su, B.-Y.: Scaling distributed machine learning with the parameter server. In: 11th USENIX Symposium on Operating Systems Design and Implementation (OSDI 14), pp. 583–598 (2014)

27. Wu, X., Zhu, X., Wu, G.-Q., Ding, W.: Data mining with big data. IEEE Trans. Knowl. Data Eng. **26**(1), 97–107 (2014)

28. Zhang, Y., Jiang, J., Xu, K., Nie, X., Reed, M.J., Wang, H., Yao, G., Zhang, M., Chen, K.: Bds: a centralized near-optimal overlay network for inter-datacenter data replication. In: Proceedings of the Thirteenth EuroSys Conference, p. 10. ACM (2018)

29. Xu, K., Li, T., Wang, H., Li, H., Wei, Z., Liu, J., Lin, S.: Modeling, analysis, and implementation of universal acceleration platform across online video sharing sites. IEEE Trans. Serv. Comput. **11**, 534–548 (2016)

30. Wang, H., Li, T., Shea, R., Ma, X., Wang, F., Liu, J., Xu, K.: Toward cloud-based distributed interactive applications: measurement, modeling, and analysis. IEEE/ACM Trans. Netw. **26**(99), 1–14 (2017)

31. Zhang, Y., Xu, K., Shi, X., Wang, H., Liu, J., Wang, Y.: Design, modeling, and analysis of online combinatorial double auction for mobile cloud computing markets. Int. J. Commun. Syst. **31**(7), e3460 (2018)

32. Gavranović, H., Buljubašić, M.: An efficient local search with noising strategy for Google machine reassignment problem. Ann. Oper. Res. **242**, 1–13 (2014)

33. Wang, T., Xu, H., Liu, F.: Multi-resource load balancing for virtual network functions. In: IEEE International Conference on Distributed Computing Systems (2017)

34. Hong, Y.-J., Thottethodi, M.: Understanding and mitigating the impact of load imbalance in the memory caching tier. In: Proceedings of the 4th Annual Symposium on Cloud Computing, p. 13. ACM (2013)

35. Liebeherr, J., Nahas, M., Si, W.: Application-layer multicasting with Delaunay triangulation overlays. IEEE JSAC **200**(8), 1472–1488 (2002)

36. Wang, F., Xiong, Y., Liu, J.: mTreebone: a hybrid tree/mesh overlay for application-layer live video multicast. In: ICDCS, p. 49 (2007)

37. Andreev, K., Maggs, B.M., Meyerson, A., Sitaraman, R.K.: Designing overlay multicast networks for streaming. In: SPAA, pp. 149–158 (2013)

38. Mokhtarian, K., Jacobsen, H.A.: Minimum-delay multicast algorithms for mesh overlays. IEEE/ACM TON, **23**(3), 973–986 (2015)

39. Kostić, D., Rodriguez, A., Albrecht, J., Vahdat, A.: Bullet: high bandwidth data dissemination using an overlay mesh. ACM SOSP **37**(5), 282–297 (2003). ACM

40. Repantis, T., Smith, S., Smith, S., Wein, J.: Scaling a monitoring infrastructure for the Akamai network. ACM Sigops Operat. Syst. Rev. **44**(3), 20–26 (2010)

41. Huang, T.Y., Johari, R., Mckeown, N., Trunnell, M., Watson, M.: A buffer-based approach to rate adaptation: evidence from a large video streaming service. In: SIGCOMM, pp. 187–198 (2014)

42. Nygren, E., Sitaraman, R.K., Sun, J.: The Akamai network: a platform for high-performance internet applications. ACM SIGOPS Oper. Syst. Rev. **44**(3) (2010)

43. Zhang, Y., Li, Y., Xu, K., Wang, D., Li, M., Cao, X., Liang, Q.: A communication-aware container re-distribution approach for high performance VNFs. In: IEEE ICDCS 2017, pp. 1555–1564. IEEE (2017)

44. Narayanan, A., Verma, S., Ramadan, E., Babaie, P., Zhang, Z.-L.: Deepcache: a deep learning based framework for content caching. In: Proceedings of the 2018 Workshop on Network Meets AI & ML, pp. 48–53. ACM (2018)

45. Zhang, Y., Li, Y., Xu, K., Wang, D., Li, M., Cao, X., Liang, Q.: A communication-aware container re-distribution approach for high performance VNFs. In: IEEE International Conference on Distributed Computing Systems (2017)

第 2 章　*Chapter 2*

云计算与边缘计算中的资源管理概述

　　摘要　2.1 ～ 2.4 节概述业务的处理过程（从服务接入数据中心，到数据传输控制，再到服务器后端通信，以及数据同步服务支持），跟踪数据流的完整服务流程，并针对这些环节开展全面而深入的研究工作。2.5 节和 2.6 节针对边缘存储与计算两个方面进行问题概述。

2.1　基于云的服务链的延迟优化

　　为了获得更好的系统可扩展性和更低的运营成本，越来越多的应用程序被部署在云上，服务链（service chain）正在快速发展。但许多研究表明，当服务链中的交互延迟与网络延迟同时产生时，应用程序的性能会受到明显影响[1]。

　　为了最小化基于云的应用程序的延迟，许多研究人员致力于最小化数据请求在数据中心环节中的延迟，这确实在一定程度上提高了应用程序的性能[2]。我们可以将这些研究工作分为两类。第一类工作关注网络和处理延迟。例如，Webb 等人[3] 提出了最近服务器分配方法以减少客户端 – 服务器延迟。Vik 在文献 [4] 中探索分布式交互式应用程序系统中的生成树问题，以减少请求等待时间。此外，文献 [5,6] 引入了博弈论，将 DC 中的等待时间问题建模为讨价还价博弈，而 Seung 等人[7] 创建了一个名为 CloudFlex 的系统，该系统利用云资源满足超出内部基础架构容量的应用程序请求。第二类工作是 Web 服务，它是一种用于分散计算的应用程序模型，是一种在 Web 上进行数据和服务集成的有效机制[8]。近年来，Web 服务已经变得相对成熟。一些研究成功地剖析了延迟的影响因素[9]，揭示出流量在后台的请求和响应过程是 Web 事务延迟的很大一部分影响因素[10]。

尽管上述研究已经进行了出色的延迟优化，但它们都忽略了交互负载流请求在多个服务器之间的交互（例如，图 1.2 中的情况）。而由于交互负载流需要在多个中间服务器上进行处理，因此等待时间更长。许多研究人员研究了交互式应用程序的延迟，他们的研究表明，尽管这些应用程序对延迟非常敏感，但服务性能却受到交互过程的极大影响。为了解决这个问题，一些研究建议应该进一步剖析不同服务的交互，以便更好地理解性能含义[10]，因此一些研究人员便逐步开始关注交互延迟[11]。

我们探索了减少链式服务响应时间并确保非交互式工作负载性能的可行性。我们通过建立一个新的专用队列加速交互式工作负载，并尝试调整不同队列之间的资源分配。通过设计反馈方案，我们可以限制对非交互式工作负载的影响。我们将在3.1 节介绍研究动机，在 3.2 节对该算法进行详细描述。

2.2 缩短任务完成时间

虽然越来越多的数据中心网络已经具备了很高的带宽和计算能力，但任务完成时间仍有很大的压缩空间[12]。在本节，我们将描述现代数据中心传输协议（包括流感知级别和任务感知级别）的性质，并将指出在现有方案中，不同级别的感知是相互隔离的。虽然任务完成时间也能明显减少，但由于两个级别的感知之间互不相通，因此无法实现更加优化的传输。值得注意的是，良好的流感知可以帮助缩短任务完成时间，而良好的任务感知可以帮助流协调合作。

图 2.1 展示了调度协议的发展历史（从 DCTCP（2010）到 FIFO-LM（2014）），

包括两大类，即流感知和任务感知，这两类都促进了技术发展。接下来我们对这一发展历史进行简要的描述和说明。

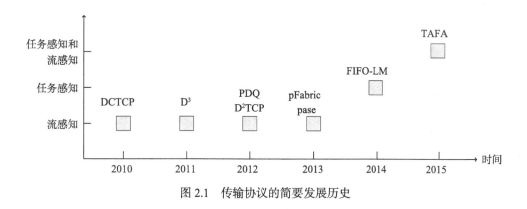

图 2.1　传输协议的简要发展历史

许多类似 TCP 的流感知协议的创建者 Alizadeh 等人[13]提出了 DCTCP，利用网络中的显式拥塞通知（Explicit Congestion Notification，ECN）向终端主机提供反馈。实验表明，与 TCP 相比，DCTCP 在减少 90% 缓冲区的情况下能够提供更好的吞吐量，因为它可以优雅地减少队列长度。然而，它是一个与最后期限无关的协议，不管这些流的最后期限是近还是远，都会限制它们，因此对于一些在线数据密集型（Online Data Intensive，OLDI）应用程序[14]来说，DCTCP 的效率可能更低。受此观察结果的启发，Wilson 等人[15]提出了 D^3，根据流最后期限对数据中心环境使用显式速率控制。D^3 可以根据流的大小和最后期限确定满足最后期限所需的速率。尽管 D^3 在短流延迟和突发容忍方面优于 TCP，但它有一些实际的缺点，例如需要对交换机硬件进行更改，这使得它不能与传统的 TCP 共存[14]。与 D^3 相比，支持最后期限的数据中心 TCP（D^2TCP）[14]是一个可部署的传输协议。通过一个伽马相关函数，D^2TCP 使用 ECN 反馈和最后期限调节拥塞窗口。此外，D^2TCP 可以与 TCP 共存，并且不会影响带宽或最后期限。Hong 等人[16]提出的抢占分布式快速（Preemptive Distributed Quick，PDQ）流调度的设计目的是使得流快速完成并且满足最后期限。它建立在传统的实时调度技术之上，即最早的最后期限优先和最短的作业优先，这使得 PDQ 明显优于 TCP、RCP[17]和 D^3。Alizadeh 等人[18]提出的 pFabric 将流调度从速率控制中解耦出来。与上面的协议不同的是，在 pFabric 中，每个流独立地携带一个单独的优先级数字集，根据这个数字集，交换机执行调度或删除机制。虽然 pFabric 实现了近似最优的流完成时间，但由于终端主机总是以最大速率发送，所以它不支持多跳下的工作保存。为了能够缓和流，以及让一个较低优先级的流处在随后的一跳中，我们需要一个来自交换机的明确反馈，即更高层的控制。

从网络的角度来看，上述工作都是流级别的调度方法，而 DCN 中的单个任务通常包含多个流，这些流在不同的时间处于不同的服务器。虽然上述单独处理一个任务的流能够实现流级别优化，但任务级别的完成时间却并没有得到优化。为了解决流感知模式的这种有界性，通过考虑更高层次的信息，任务感知协议也随即被提出。

Dogar 等人 [12] 提出一种任务级别的感知调度。通过使用先进先出方法来减少平均任务完成时间和尾部任务完成时间，Dogar 等人实现了使用有限多路复用的先进先出（First-In-First-Out with Limited Multiplexing，FIFO-LM），从而在遇到繁重任务时改变多路复用的级别，这可以使得繁重任务不被阻塞，甚至不被中断。但我们都知道，不论是在流级别还是任务级别，FIFO 都不是减少平均完成时间的最有效方法。"大象"任务和"老鼠"任务之间的简单区别是粒度的粗细，正如 Zhang 等人 [19] 所说，DCN 应该具有更大的负载和更大的差异性。此外，一些研究者给出了能够确保用户级性能的方法 [20,21]。但由于没有跨层协作，这些协议中存在着很大的盲区，使得调度效率低下。为了在任务感知和流程感知两方面都获得优势，我们采用跨层协同协助的思想，设计了 TAFA 协议，使得流级别的调度帮助任务提前完成，同时任务级的调度帮助流之间进行相互关联。即使在多个资源共享环境中，TAFA 协议也表现良好。

2.3 网络后端的容器放置和重分配

本节调研与网络后端的容器放置和重分配问题相关的一些研究，包括多资源广义分配问题（Multi-Resource Generalized Assignment Problem，MRGAP）、Google 机器重分配问题（Google Machine Reassignment Problem，GMRP）、流量感知的虚拟机放置、网络功能放置，以及容器部署和迁移。

MRGAP MRGAP[22,23]是广义分配问题（Generalized Assignment Problem，GAP）[24,25]的一种扩展，此类分配问题涉及多种资源。MRGAP 的解决过程通常包含两个阶段，第一个阶段是获得初始的可行分配方案，第二个阶段是尝试进一步优化分配方案。Gavish 等人[23]提出了两种启发式算法来产生初始分配方案，并提出了一种分支定界算法来改进初始方案。Privault 等人[26]使用有界变量单纯形法计算初始分配方案，并通过模拟退火算法优化初始方案。Mitrović-Minić 和 Punnen[27]以及 Yagiura 等人[28]在第一阶段生成随机初始分配方案，然后在第二阶段采用局部搜索技术对方案进行优化。Mazzola 和 Wilcox[29]将 Pivot and Complement（P&C）和文献 [23] 提出的启发式方法结合，从而得到高质量的分配方案。Shtub 等人[30]提出用基于梯度下降的方法解决动态 MRGAP（Dynamic MRGAP，DMRGAP）。在 DMRGAP 中，物品的资源需求随时间而变，而且一个物品可以被分配到多个箱中。我们将在 5.3.1 节说明 MRGAP 等价于简化容器放置问题（Container Placement Problem，CPP），但由于特定于容器化的一些约束（如冲突约束、遍布约束、共同放置约束和瞬时约束），CPP 和容器重分配问题（Container Reassignment Problem，CRP）比 MRGAP 更复杂，因此以上解决方案并不适用于我们的场景。

GMRP Google 研究小组因 ROADEF / EURO 挑战而提出了 GMRP，目标是在数据中心的机器之间对进程进行重分配来最大限度地利用资源。Gavranović 等人[31]提出了这一问题的解决方案，即将局部搜索技术和噪声分配策略相结合的噪声局部搜索（Noisy Local Search，NLS）。与 NLS 不同，我们将重新分配的工作分为 Sweep 和 Search 两个步骤进行。Sweep 步骤有助于缓解热主机现象，并为后续的局部搜索过程产生更好的初始条件。5.6 节的评估结果显示，与直接应用局部搜索技术相比，采用包含 Sweep 和 Search 两步骤的重分配方式得到的结果明显更好。

流量感知的虚拟机放置 虚拟机（Virtual Machine，VM）是一种流行的虚拟化技术，类似于容器化。在 VM 中，被隔离的操作系统运行在裸机的管理程序层之上。由于每个 VM 都各自运行一个完整的操作系统[32]，因此 VM 与容器相比通常具有更大的尺寸并且需要消耗更多的电量。因此，传统的 VM 放置主要关注能耗、资源利用率和 VM 迁移开销的优化 [33]。自从文献 [34] 的开创性工作以来，已经有许多研究工作通过流量感知的 VM 放置方式降低服务器之间的通信开销 [35-44]。Meng 等人 [34] 定义了流量感知的 VM 放置问题，并提出了两层近似算法以最小化 VM 之间的通信量。Choreo 等人 [36] 采用贪心的启发式方法放置 VM，从而最大限度地减少应用的完成时间。Li 等人 [37] 提出了一系列流量感知的 VM 放置算法，从而优化流量损失以及一维资源利用率的损失。Rui 等人 [42] 采用一种系统优化方法重新优化 VM 的放置，同时优化资源负载均衡和 VM 迁移开销。与这项工作不同，我们同时优化了通信开销和多资源负载均衡。此外，由于容器可以部署在 VM 中而不是物理机中，因此我们提出的解决方案与这些 VM 放置策略是正交的关系。因此，可以通过容器放置或重分配来优化 VM 资源利用率和 VM 间的通信，又可以通过 VM 放置来优化物理机资源利用率和 VM 间的通信。

网络功能放置 近年来，业界和学术界广泛关注网络功能虚拟化（Network Functions Virtualization，NFV），如何放置虚拟化的网络功能成为流行的研究主题 [45-60]。Wang 等人 [45] 研究了 NFV 中的流级多资源负载均衡的问题，并提出了一种基于近端 Jacobian 交替方向乘子法（Alternating Direction Method of Multipliers，ADMM）的分布式解决方案。Marotta 等人 [49] 提出了基于鲁棒优化理论的数学模型，以最小化 NFV 基础设施的功耗。Bhamare 等人 [53] 提出了一种基于亲和度的启发式算法，以最大限度地减少云间流量和响应时间。Zhang 等人 [54] 提出了一种最佳适应且基于递减的启发式算法来放置网络功能，以达到一维资源的高利用率。Taleb 等人从许多方面研究了网络功能放置问题，包括最小化用户与其各自的数据锚定网关之间的路径 [55]、衡量现有的 NFV 放置算法 [56]、在云中放置分组数据网络（Packet Data Network，PDN）网关网络功能和核心分组网演进（Evolved Packet Core，EPC）[57,58,60]，并为 5G 的跨域网络切片建模 [59]。由于网络功能链式地工作，且容器按组部署，所以两个系统之间的通信模式完全不同。因此，NFV 中的通信优化解决方案不适用于容器放置。此外，这些工作都做不到同时优化数据中心中的通信开销和多资源负载均衡。

容器部署和迁移 现在已有许多研究工作为了进行各种优化而在 VM 或物理机

之间部署容器。Zhang 等人 [61] 提出了一种新颖的容器放置策略，提高了物理资源的利用率。文献 [62-64] 研究了容器放置问题，最大限度地减少了云中的能耗。Mao 等人 [65] 提出了一种资源感知的放置方案，提高了异构集群中的系统性能。Nardelli 等人 [66] 研究了优化部署成本的容器放置问题。但是，以上工作均未考虑容器之间的通信成本。

目前也有文献广泛研究容器迁移问题。这些工作的第一部分集中于开发容器实时迁移技术。Qiu 等人 [67] 和 Machen 等人 [68] 提出了用于实时迁移 Linux 容器的解决方案，而 Pickartz 等人 [69] 提出了用于实时迁移 Docker 容器的技术。研究 [70-72] 进一步优化了现有的容器迁移技术，以减少迁移开销。这些工作的第二部分侧重于容器迁移策略。Li 等人 [73] 通过容器迁移实现云资源的负载均衡。Guo 等人 [74] 为了缓解系统负载不均衡并提高整体系统性能，提出了一种基于微服务中邻域划分的容器调度策略。Kaewkasi 和 Chuenmuneewong[75] 为了平衡资源的使用并获得更好的性能，在容器调度中应用了蚁群优化（Ant Colony Optimization，ACO）。Xu 等人 [76] 在容器虚拟化的云环境中使用了一种资源调度方法，从而减少客户作业的响应时间并提高资源利用率。同样，以上工作均未考虑容器之间的通信成本。

2.4　数据副本的近似最优网络传输系统

这里，我们将从几个方面讨论一些与大规模数据传输相关的代表性工作。

覆盖网络控制　覆盖网络为各种应用程序，特别是数据传输应用程序发挥了巨大的潜力。典型网络包括点对点（P2P）网络和内容分发网络（CDN）。P2P 架构已经被很多应用验证过，比如直播系统（CoolStreaming[77]、Joost[78]、PPStream[79]、UUSee[80]）、视频点播（Video-on-Demand，VoD）应用（OceanStore[81]）、分布式散列表（distributed hash table）[82]，以及比特币 [83]。但是，基于 P2P 原则的自组系统需要较长的收敛时间。CDN 通过协调空间上的存储分布服务，提供高可用性和高性能（例如，减少页面加载时间）。CDN 现已普遍应用于许多实时程序，如多媒体 [84] 和实时流媒体 [85]。

我们简要介绍数据传输的两个基线:

(1)Bullet[86],它使地理位置分散的节点能够自组形成一个覆盖网格。具体来说,每个节点使用 RanSub[87] 将汇总的候选信息分发给其他节点,并从发送对等节点接收不相交的数据。本书第 6 章提出的 BDS+ 方法与 Bullet 的主要区别在于控制方案,即 BDS+ 是一种对数据交付状态具有全局视图的集中式方法,而 Bullet 是一种分布式方案,每个节点都在局部进行决策。

(2)Akamai 设计了一个三层覆盖网络来传输实时流[88],将流转发到反射器,反射器再将流出的流发送到接收器。Akamai 和本书提出的 BDS+ 之间有两个主要区别。第一,Akamai 采用了三层拓扑结构,边缘服务器从它们的上级反射器接收数据,而 BDS+ 成功地通过更细粒度的分配探索了更大的搜索空间,而不受三层粗粒度的限制。第二,在 Akamai 中,数据的接收序列必须是连续的,因为它是为实时流应用程序设计的。虽然在 BDS+ 中没有这样的要求,但其副作用是 BDS+ 必须决定出一个最佳的传输顺序,这是 Akamai 系统不需要考虑的额外工作。

数据传输和速率控制   DC 级别的传输协议的速率控制在数据传输中起着重要作用。DCTCP[89]、PDQ[90]、CONGA[91]、DCQCN[92] 和 TIMELY[93] 都是在传输效率上有明显提高的经典协议。一些拥塞控制协议(例如基于信用的 ExpressPass[94])和负载均衡协议(例如 Hermes[95]),可以通过改善速率控制进一步缩短流完成时间。在此基础上,NUMfabric[96] 和 Domino[97] 进一步探索了集中式 TCP 在加速数据传输和提高 DC 吞吐量方面的潜力。在某种程度上,协同流调度[98,99] 在数据并行性方面与组播覆盖调度有相似之处。但是这项工作专注于流级别的问题,而 BDS+ 工作在应用程序级别。

集中式流量工程   流量工程(TE)一直是一个热门研究课题,许多现有研究(文献 [100-106])都已经阐述了可扩展性、异构性等方面的挑战,尤其是在 DC 间级别上。代表性的 TE 系统包括 Google 的 B4[107] 和微软的 SWAN[108]。B4 采用 SDN[109] 和 OpenFlow[110,111] 来管理单个交换机并在路径上部署定制的策略。SWAN 是另一个在线流量工程平台,采用软件驱动的 WAN 实现了较高的网络利用率。

网络变化检测　检测网络变化不仅在流量预测问题中非常重要，而且在异常检测、网络监控以及安全等许多其他应用中也非常重要。有两种成熟的基础方法已被广泛使用，即指数加权移动平均（EWMA）控制方案[112,113]和变点检测算法[114]。在预测下一个值时，EWMA 通常对最近的观测值给予较高的权重，而对以前的观测值在几何级数上给予较低的权重。尽管 EWMA 描述了一种用于平滑生成几何移动平均值的图形化程序，但它面临着一个基本的灵敏度问题。换句话说，它无法识别突然的变化。相比之下，无论是在线方式[115-117]还是离线方式[118-121]，变点检测算法恰恰可以解决这个问题。本书提出的 BDS+ 通过设计一个滑动观测窗口，将这两种方法结合起来，使得 BDS+ 的预测算法既稳定又灵敏。

总的来说，一个动态带宽分离的应用程序级组播覆盖网络对于数据在 DC 间 WAN 中的传输是必不可少的。用户日志、搜索引擎索引和数据库等应用程序将极大地受益于批量数据组播。此外，这些优点与之前的 WAN 优化是正交的，可以进一步提高 DC 间应用程序的性能。

2.5　短视频网络中的分布式边缘缓存

本节讨论边缘存储相关文献，包括传统 CDN 中具有代表性的缓存策略以及现有的边缘缓存系统。

现有的缓存策略　最具代表性的缓存策略，如 FIFO、LRU、LFU 及其变体，在传统的 CDN 中简单而有效，其中内容访问的频率可以被建模为泊松分布。在这些策略下，内容的未来受欢迎程度由历史受欢迎程度表示。但在短视频网络中，用户访问模式是非平稳的，不再服从泊松分布，因此这些策略在短视频网络中变得低效。基于生存时间（Time-To-Live，TTL）的缓存策略也存在同样的问题。例如，在高速缓存（前馈）网络中，访问请求的到达模式符合马尔可夫过程，Berger 等人[122]联合考虑了 TTL 和请求模型，并通过停止时间进行剔除。Ferragut 等人[123]设置了一个最优的定时器来最大化缓存命中率，但它只在帕累托异步访问模式和 Zipf 内容流行分布的情况下有效，因此在短视频网络中必然是无效的。Basu 等人[124]提出了两个名为 f-TTL 的带有两个定时器的缓存，以过滤掉非平稳的流量，但它仍然依赖于本地观察到的访问模式来改变 TTL 的值，而不考虑未来的受欢迎程度。

近年来最有希望的尝试之一是基于学习的主动性预测策略。Narayanan 等人[125]训练了一个特征预测器来预测对象的未来受欢迎程度，并与传统的 LRU 和 LFU 相互作用，增加缓存命中的数量。但是，预测对象的受欢迎程度是面向未来的固定长度（如未来 1 ～ 3 小时、12 ～ 14 小时、24 ～ 26 小时），该方法忽略了视频受欢迎程度在时间上的变化规律，无法应对短视频网络中生命周期的变化。Mao 等人[126]提出 Pensieve，训练一个神经网络模型作为自适应比特率（ABR）算法，该方法补充了 AutoSight 框架，在某种意义上，所提出的动态控制规则可以为后续解决生命周期不同的问题提供参考，但它忽略了时态模式信息并且只在直播流中有效。此外，Sadeghi 等人[127]引入了增强学习来进行缓存决策，但它适用于用户请求符合马尔可夫过程的情况。在此基础上，本书第 7 章提出了动态控制规则 AutoSight，可以在面对不同时间周期问题时作为参考，且能够在任意非平稳的用户访问模式下工作。

边缘缓存系统 边缘计算的提出是为了将延迟敏感的数据访问任务转移到边缘存储服务器而不是云端，并已经在 5G、无线、移动网络[128]和视频流[129]等许多领域取得了快速发展。Drolia 等人[130]提出的 Cachier 在边缘服务器上使用缓存模型来平衡图像识别应用程序的边缘和云之间的负载，但是它不能预测未来的图像负载。Gabry 等人[131]研究了边缘缓存中的内容放置问题，以最大限度地提高能效，该论文的分析为我们设计 AutoSight 网络拓扑提供了参考，但在这种拓扑结构下，我们考虑的是短视频网络的缓存，而不是节能。Ma 等人[129]提出了一种基于地理协同的移动视频网络缓存策略，提出了多边联合缓存可以提高 QoE，为我们的 AutoSight 设计提供了有力的证据。本书第 7 章在揭示独特用户访问模式和视频流行模式的同时，重点研究了短视频网络在边缘服务器上的存储问题。

2.6 动态边缘计算网络的可控性

动态网络 大型电网和物联网等工业互联网的发展把整个世界连接成一个网络，

而随着移动设备的飞速演进，人们已经进入了动态网络时代。目前，针对动态网络的研究已经深入到数学、生命科学、信息科学等多个领域，其研究目标是寻找一个有效的方法去控制网络的状态并使其服务于人。论文 [132] 第一次将经典的控制理论应用于动态网络控制的分析，并且首先规定在网络科学领域，如果有向图中存在由节点 N1 指向节点 N2 的边，则称 N2 由 N1 控制。本书将移动边缘网络抽象为线性时不变系统，并引入控制理论中的卡尔曼可控性条件，通过计算可控性矩阵满秩使得动态边缘网络完全可控，本书第 8 章通过求解最小数目的驱动节点实现动态边缘计算网络的可控性。

Liu 等人 [133] 证明了控制整个网络所需的最少控制节点取决于网络中的最大匹配，其中将不匹配的节点选取为网络的控制节点。因此，网络结构可控性问题即可转化为经典图论的匹配问题，从而降低了计算该问题的时间复杂度。但是，该计算方法只能应用在无权有向图的场景中。Yuan 等人 [134] 根据 **Popov-Belevitch-Hautus** 理论证明了网络中所需要的最少控制节点的数量等于对应矩阵的最大几何重数，而对于无向网络，其需要的最少控制节点数量等于对应矩阵的最大代数重数。该方法大大降低了计算网络可控性的计算复杂度，且不再受限于边是否具有权重或是否有向，扩展了算法的应用场景。

文献 [135-138] 提出了描述网络可控性的理论方法或通过改变某些节点状态稳定网络状态的方法，但都没有很好地解决动态网络中产生的可控性问题。接下来我们以车联网为例，介绍动态边缘网络中的可控性问题。

车联网　车联网是指利用车载电子传感装置，通过无线通信技术、车载导航系统、智能终端设施和信息处理系统，实现车、人、交通设施之间的双向数据交换和共享。车联网是一种实现车、人、物体、道路等的实时监控、科学调度、有效管理，从而改善道路运输条件，提高交通管理效率的综合智能决策信息系统 [139]。

车间通信如图 2.2 所示，通过车载终端设备进行车辆间的双向数据传输，通常使用的技术包括但不限于微波、红外技术、专用短程通信等，可满足较高的安全性和实时性需求。车辆配备的传感器终端可以收集车辆的行驶速度、方向和所在位置等信息，并且可以对周围车辆产生实时预警。这些车辆通过无线通信技术形成了一个交互式通信平台，可以实时交换图片、文本消息、视频和音频信息[140,141]，如图 2.3 所示。

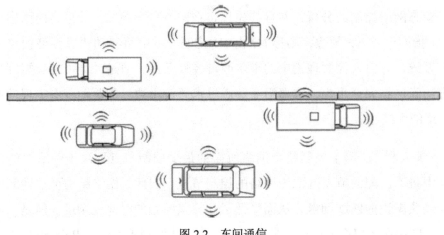

图 2.2　车间通信

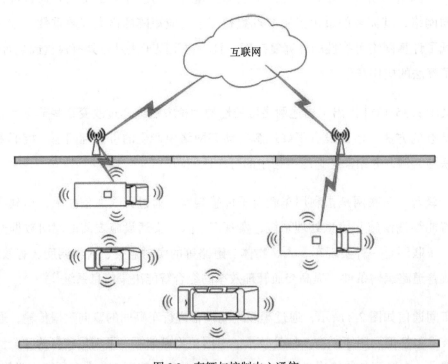

图 2.3　车辆与控制中心通信

车辆和控制中心间的通信是指车载终端与远程交通控制中心通过网络建立连接，以完成数据传输和信息交换，一般用于车辆导航、车辆远程监控、应急救援、信息娱乐服务等，具有长距离、节点高速运动的特点[139]。

在该网络中，车辆被抽象为移动网络节点，路边单元（Road Side Unit，RSU）被抽象为固定网络节点。道路和车辆的环境信息由车辆和 RSU 中的传感器收集。高速移动的车辆使网络的连接状态不断变化，使得网络拓扑结构呈现动态性，网络的访问状态也会据此产生变化。

参考文献

1. Mauve, M., Vogel, J., Hilt, V., Effelsberg, W.: Local-lag and timewarp: providing consistency for replicated continuous applications. IEEE Trans. Multimedia **6**(1), 47–57 (2004)
2. Shao, Z., Jin, X., Jiang, W., Chen, M., Chiang, M.: Intra-data-center traffic engineering with ensemble routing. In: INFOCOM, 2013 Proceedings IEEE, pp. 2148–2156. IEEE (2013)
3. Webb, S.D., Soh, S., Lau, W.: Enhanced mirrored servers for network games. In: Proceedings of the 6th ACM SIGCOMM Workshop on Network and System Support for Games, pp. 117–122. ACM (2007)
4. Vik, K.-H., Halvorsen, P., Griwodz, C.: Multicast tree diameter for dynamic distributed interactive applications. In: INFOCOM 2008. The 27th Conference on Computer Communications IEEE. IEEE (2008)
5. Guo, J., Liu, F., Zeng, D., Lui, J.C., Jin, H.: A cooperative game based allocation for sharing data center networks. In: INFOCOM, 2013 Proceedings IEEE, pp. 2139–2147. IEEE (2013)
6. Xu, K., Zhang, Y., Shi, X., Wang, H., Wang, Y., Shen, M.: Online combinatorial double auction for mobile cloud computing markets. In: Performance Computing and Communications Conference (IPCCC), 2014 IEEE International, pp. 1–8. IEEE (2014)
7. Seung, Y., Lam, T., Li, L.E., Woo, T.: Cloudflex: seamless scaling of enterprise applications into the cloud. In: INFOCOM, 2011 Proceedings IEEE, pp. 211–215. IEEE (2011)
8. Yue, K., Wang, X.-L., Zhou, A.-Y., et al.: Underlying techniques for web services: a survey. J. Softw. **15**(3), 428–442 (2004)
9. Zaki, Y., Chen, J., Potsch, T., Ahmad, T., Subramanian, L.: Dissecting web latency in ghana. In: Proceedings of the 2014 Conference on Internet Measurement Conference, pp. 241–248. ACM (2014)
10. Pujol, E., Richter, P., Chandrasekaran, B., Smaragdakis, G., Feldmann, A., Maggs, B.M., Ng, K.-C.: Back-office web traffic on the Internet. In: Proceedings of the 2014 Conference on Internet Measurement Conference, pp. 257–270. ACM (2014)
11. Wang, H., Shea, R., Ma, X., Wang, F., Liu, J.: On design and performance of cloud-based distributed interactive applications. In: 2014 IEEE 22nd International Conference on Network Protocols (ICNP), pp. 37–46. IEEE (2014)
12. Dogar, F.R., Karagiannis, T., Ballani, H., Rowstron, A.: Decentralized task-aware scheduling for data center networks. ACM SIGCOMM Comput. Commun. Rev. **44**, 431–442 (2014)

13. Alizadeh, M., Greenberg, A., Maltz, D.A., Padhye, J., Patel, P., Prabhakar, B., Sengupta, S., Sridharan, M.: Data center TCP (DCTCP). ACM SIGCOMM Comput. Commun. Rev. **41**(4), 63–74 (2011)

14. Vamanan, B., Hasan, J., Vijaykumar, T.: Deadline-aware datacenter TCP (D2TCP). ACM SIGCOMM Comput. Commun. Rev. **42**(4), 115–126 (2012)

15. Wilson, C., Ballani, H., Karagiannis, T., Rowtron, A.: Better never than late: meeting deadlines in datacenter networks. ACM SIGCOMM Comput. Commun. Rev. **41**(4), 50–61 (2011). ACM

16. Hong, C.-Y., Caesar, M., Godfrey, P.: Finishing flows quickly with preemptive scheduling. ACM SIGCOMM Comput. Commun. Rev. **42**(4), 127–138 (2012)

17. Dukkipati, N., McKeown, N.: Why flow-completion time is the right metric for congestion control. ACM SIGCOMM Comput. Commun. Rev. **36**(1), 59–62 (2006)

18. Alizadeh, M., Yang, S., Sharif, M., Katti, S., McKeown, N., Prabhakar, B., Shenker, S.: pFabric: minimal near-optimal datacenter transport. ACM SIGCOMM Comput. Commun. Rev. **43**(4), 435–446 (2013). ACM

19. Zhang, H.: More load, more differentiation – a design principle for deadline-aware flow control in DCNS. In: INFOCOM, 2014 Proceedings IEEE. IEEE (2014)

20. Shen, M., Gao, L., Xu, K., Zhu, L.: Achieving bandwidth guarantees in multi-tenant cloud networks using a dual-hose model. In: 2014 IEEE 33rd International Performance Computing and Communications Conference (IPCCC), pp. 1–8. IEEE (2014)

21. Xu, K., Zhang, Y., Shi, X., Wang, H., Wang, Y., Shen, M.: Online combinatorial double auction for mobile cloud computing markets. In: 2014 IEEE 33rd International Performance Computing and Communications Conference (IPCCC), pp.1–8. IEEE (2014)

22. Gavish, B., Pirkul, H.: Computer and database location in distributed computer systems. IEEE Trans. Comput. (7), 583–590 (1986)

23. Gavish, B., Pirkul, H.: Algorithms for the multi-resource generalized assignment problem. Manag. Sci. **37**(6), 695–713 (1991)

24. Ross, G.T., Soland, R.M.: A branch and bound algorithm for the generalized assignment problem. Math. Program. **8**(1), 91–103 (1975)

25. Oncan, T.: A survey of the generalized assignment problem and its applications. INFOR **45**(3), 123–141 (2007)

26. Privault, C., Herault, L.: Solving a real world assignment problem with a metaheuristic. J. Heuristics **4**(4), 383–398 (1998)

27. Mitrović-Minić, S., Punnen, A.P.: Local search intensified: very large-scale variable neighborhood search for the multi-resource generalized assignment problem. Discret. Optim. **6**(4), 370–377 (2009)

28. Yagiura, M., Iwasaki, S., Ibaraki, T., Glover, F.: A very large-scale neighborhood search algorithm for the multi-resource generalized assignment problem. Discret. Optim. **1**(1), 87–98 (2004)

29. Mazzola, J.B., Wilcox, S.P.: Heuristics for the multi-resource generalized assignment problem. Nav. Res. Logist. **48**(6), 468–483 (2001)

30. Shtub, A., Kogan, K.: Capacity planning by the dynamic multi-resource generalized assignment problem (DMRGAP). Eur. J. Oper. Res. **105**(1), 91–99 (1998)

31. Gavranović, H., Buljubašić, M.: An efficient local search with noising strategy for Google machine reassignment problem. Ann. Oper. Res. **242**, 1–13 (2014)

32. Sharma, P., Chaufournier, L., Shenoy, P., Tay, Y.C.: Containers and virtual machines at scale: a comparative study. In: International Middleware Conference, p. 1 (2016)

33. Mann, Z.D., Szabó, M.: Which is the best algorithm for virtual machine placement optimization? Concurr. Comput. Pract. Exp. **29**(7), e4083 (2017)

34. Meng, X., Pappas, V., Zhang, L.: Improving the scalability of data center networks with

traffic-aware virtual machine placement. In: INFOCOM, 2010 Proceedings IEEE, pp. 1–9 (2010)

35. Popa, L., Kumar, G., Chowdhury, M., Krishnamurthy, A., Ratnasamy, S., Stoica, I.: Faircloud: sharing the network in cloud computing. ACM SIGCOMM Comput. Commun. Rev. **42**(4), 187–198 (2012)

36. Lacurts, K., Deng, S., Goyal, A., Balakrishnan, H.: Choreo: network-aware task placement for cloud applications. In: Conference on Internet Measurement Conference, pp. 191–204 (2013)

37. Li, X., Wu, J., Tang, S., Lu, S.: Let's stay together: towards traffic aware virtual machine placement in data centers. In: INFOCOM, 2014 Proceedings IEEE, pp. 1842–1850 (2014)

38. Ma, T., Wu, J., Hu, Y., Huang, W.: Optimal VM placement for traffic scalability using Markov chain in cloud data centre networks. Electron. Lett. **53**(9), 602–604 (2017)

39. Zhao, Y., Huang, Y., Chen, K., Yu, M., Wang, S., Li, D.S.: Joint VM placement and topology optimization for traffic scalability in dynamic datacenter networks. Comput. Netw. **80**, 109–123 (2015)

40. Rai, A., Bhagwan, R., Guha, S.: Generalized resource allocation for the cloud. In: ACM Symposium on Cloud Computing, pp. 1–12 (2012)

41. Wang, L., Zhang, F., Aroca, J.A., Vasilakos, A.V., Zheng, K., Hou, C., Li, D., Liu, Z.: Greendcn: a general framework for achieving energy efficiency in data center networks. IEEE J. Sel. Areas Commun. **32**(1), 4–15 (2013)

42. Rui, L., Zheng, Q., Li, X., Jie, W.: A novel multi-objective optimization scheme for rebalancing virtual machine placement. In: IEEE International Conference on Cloud Computing, pp. 710–717 (2017)

43. Gu, L., Zeng, D., Guo, S., Xiang, Y., Hu, J.: A general communication cost optimization framework for big data stream processing in geo-distributed data centers. IEEE Trans. Comput. **65**(1), 19–29 (2015)

44. Shen, M., Xu, K., Li, F., Yang, K., Zhu, L., Guan, L.: Elastic and efficient virtual network provisioning for cloud-based multi-tier applications. In: 2015 44th International Conference on Parallel Processing (ICPP), pp. 929–938. IEEE (2015)

45. Wang, T., Xu, H., Liu, F.: Multi-resource load balancing for virtual network functions. In: IEEE International Conference on Distributed Computing Systems (2017)

46. Taleb, T., Bagaa, M., Ksentini, A.: User mobility-aware virtual network function placement for virtual 5G network infrastructure. In: IEEE International Conference on Communications, pp. 3879–3884 (2016)

47. Mehraghdam, S., Keller, M., Karl, H.: Specifying and placing chains of virtual network functions. In: 2014 IEEE 3rd International Conference on Cloud Networking (CloudNet), pp. 7–13. IEEE (2014)

48. Kawashima, K., Otoshi, T., Ohsita, Y., Murata, M.: Dynamic placement of virtual network functions based on model predictive control. In: NOMS 2016 – 2016 IEEE/IFIP Network Operations and Management Symposium, pp. 1037–1042 (2016)

49. Marotta, A., Kassler, A.: A power efficient and robust virtual network functions placement problem. In: Teletraffic Congress, pp. 331–339 (2017)

50. Addis, B., Belabed, D., Bouet, M., Secci, S.: Virtual network functions placement and routing optimization. In: IEEE International Conference on Cloud NETWORKING, pp. 171–177 (2015)

51. Wang, F., Ling, R., Zhu, J., Li, D.: Bandwidth guaranteed virtual network function placement and scaling in datacenter networks. In: IEEE International Performance Computing and Communications Conference, pp. 1–8 (2015)

52. Ghaznavi, M., Khan, A., Shahriar, N., Alsubhi, K., Ahmed, R., Boutaba, R.: Elastic virtual network function placement. In: IEEE International Conference on Cloud Networking (2015)

53. Bhamare, D., Samaka, M., Erbad, A., Jain, R., Gupta, L., Chan, H.A.: Optimal virtual network

function placement in multi-cloud service function chaining architecture. Comput. Commun. **102**(C), 1–16 (2017)

54. Zhang, Q., Xiao, Y., Liu, F., Lui, J.C.S., Guo, J., Wang, T.: Joint optimization of chain placement and request scheduling for network function virtualization. In: IEEE International Conference on Distributed Computing Systems, pp. 731–741 (2017)

55. Taleb, T., Bagaa, M., Ksentini, A.: User mobility-aware virtual network function placement for virtual 5G network infrastructure. In: 2015 IEEE International Conference on Communications (ICC), pp. 3879–3884. IEEE (2015)

56. Laghrissi, A., Taleb, T., Bagaa, M., Flinck, H.: Towards edge slicing: VNF placement algorithms for a dynamic & realistic edge cloud environment. In: 2017 IEEE Global Communications Conference, pp. 1–6. IEEE (2017)

57. Prados, M.B.J., Laghrissi, A., Taleb, A.T., Taleb, T., Bagaa, M., Flinck, H.: A queuing based dynamic auto scaling algorithm for the LTE EPC control plane. In: 2018 IEEE Global Communications Conference, pp. 1–6. IEEE (2018)

58. Bagaa, M., Taleb, T., Ksentini, A.: Service-aware network function placement for efficient traffic handling in carrier cloud. In: 2014 IEEE Wireless Communications and Networking Conference (WCNC), pp. 2402–2407. IEEE (2014)

59. Bagaa, M., Dutra, D.L.C., Addad, R.A., Taleb, T., Flinck, H.: Towards modeling cross-domain network slices for 5G. In: 2018 IEEE Global Communications Conference, pp. 1–6. IEEE (2018)

60. Bagaa, M., Taleb, T., Laghrissi, A., Ksentini, A.: Efficient virtual evolved packet core deployment across multiple cloud domains. In: 2018 IEEE Wireless Communications and Networking Conference (WCNC), pp. 1–6. IEEE (2018)

61. Zhang, R., Zhong, A.-M., Dong, B., Tian, F., Li, R.: Container-VM-PM architecture: a novel architecture for docker container placement. In: International Conference on Cloud Computing, pp. 128–140. Springer (2018)

62. Piraghaj, S.F., Dastjerdi, A.V., Calheiros, R.N., Buyya, R.: A framework and algorithm for energy efficient container consolidation in cloud data centers. In: 2015 IEEE International Conference on Data Science and Data Intensive Systems (DSDIS), pp. 368–375. IEEE (2015)

63. Dong, Z., Zhuang, W., Rojas-Cessa, R.: Energy-aware scheduling schemes for cloud data centers on google trace data. In: 2014 IEEE Online Conference on Green Communications (OnlineGreencomm), pp. 1–6. IEEE (2014)

64. Shi, T., Ma, H., Chen, G.: Energy-aware container consolidation based on PSO in cloud data centers. In: 2018 IEEE Congress on Evolutionary Computation (CEC), pp. 1–8. IEEE (2018)

65. Mao, Y., Oak, J., Pompili, A., Beer, D., Han, T., Hu, P.: Draps: dynamic and resource-aware placement scheme for docker containers in a heterogeneous cluster. In: 2017 IEEE 36th International Performance Computing and Communications Conference (IPCCC), pp. 1–8. IEEE (2017)

66. Nardelli, M., Hochreiner, C., Schulte, S.: Elastic provisioning of virtual machines for container deployment. In: Proceedings of the 8th ACM/SPEC on International Conference on Performance Engineering Companion, pp. 5–10. ACM (2017)

67. Qiu, Y.: Evaluating and improving LXC container migration between cloudlets using multipath TCP. Ph.D. dissertation, Carleton University, Ottawa (2016)

68. Machen, A., Wang, S., Leung, K.K., Ko, B.J., Salonidis, T.: Live service migration in mobile edge clouds. IEEE Wirel. Commun. **25**(1), 140–147 (2018)

69. Pickartz, S., Eiling, N., Lankes, S., Razik, L., Monti, A.: Migrating Linux containers using CRIU. In: International Conference on High Performance Computing, pp. 674–684. Springer (2016)

70. Ma, L., Yi, S., Carter, N., Li, Q.: Efficient live migration of edge services leveraging container layered storage. IEEE Trans. Mob. Comput. **18**, 2020–2033 (2018)

71. Ma, L., Yi, S., Li, Q.: Efficient service handoff across edge servers via docker container migration. In: Proceedings of the Second ACM/IEEE Symposium on Edge Computing, p. 11. ACM (2017)

72. Nadgowda, S., Suneja, S., Bila, N., Isci, C.: Voyager: complete container state migration. In: 2017 IEEE 37th International Conference on Distributed Computing Systems (ICDCS), pp. 2137–2142. IEEE (2017)

73. Li, P., Nie, H., Xu, H., Dong, L.: A minimum-aware container live migration algorithm in the cloud environment. Int. J. Bus. Data Commun. Netw. (IJBDCN) **13**(2), 15–27 (2017)

74. Guo, Y., Yao, W.: A container scheduling strategy based on neighborhood division in micro service. In: NOMS 2018-2018 IEEE/IFIP Network Operations and Management Symposium, pp. 1–6. IEEE (2018)

75. Kaewkasi, C., Chuenmuneewong, K.: Improvement of container scheduling for docker using ant colony optimization. In: 2017 9th International Conference on Knowledge and Smart Technology (KST), pp. 254–259. IEEE (2017)

76. Xu, X., Yu, H., Pei, X.: A novel resource scheduling approach in container based clouds. In: 2014 IEEE 17th International Conference on Computational Science and Engineering (CSE), pp. 257–264. IEEE (2014)

77. Zhang, X., Liu, J., Li, B., Yum, Y.-S.: CoolStreaming/DONet: a data-driven overlay network for peer-to-peer live media streaming. In: INFOCOM, vol. 3, pp. 2102–2111. IEEE (2005)

78. Joost: http://www.joost.com/

79. Ppstream: http://www.ppstream.com/

80. Uusee: http://www.uusee.com/

81. Oceanstore: http://oceanstore.cs.berkeley.edu/

82. Rhea, S., Godfrey, B., Karp, B., Kubiatowicz, J., Ratnasamy, S., Shenker, S., Stoica, I., Yu, H.: Opendht: a public DHT service and its uses. In: ACM SIGCOMM, vol. 35, pp. 73–84 (2005)

83. Eyal, I., Gencer, A.E., Sirer, E.G., Van Renesse, R.: Bitcoin-NG: a scalable blockchain protocol. In: NSDI (2016)

84. Zhu, W., Luo, C., Wang, J., Li, S.: Multimedia cloud computing. IEEE Signal Process. Mag. **28**(3), 59–69 (2011)

85. Sripanidkulchai, K., Maggs, B., Zhang, H.: An analysis of live streaming workloads on the Internet. In: IMC, pp. 41–54. ACM (2004)

86. Kostić, D., Rodriguez, A., Albrecht, J., Vahdat, A.: Bullet: high bandwidth data dissemination using an overlay mesh. ACM SOSP **37**(5), 282–297 (2003). ACM

87. Rodriguez, A., Albrecht, J., Bhirud, A., Vahdat, A.: Using random subsets to build scalable network services. In: USITS, pp. 19–19 (2003)

88. Andreev, K., Maggs, B.M., Meyerson, A., Sitaraman, R.K.: Designing overlay multicast networks for streaming. In: SPAA, pp. 149–158 (2013)

89. Alizadeh, M., Greenberg, A., Maltz, D.A., Padhye, J., Patel, P., Prabhakar, B., Sengupta, S., Sridharan, M.: Data center TCP (DCTCP). In: ACM SIGCOMM, pp. 63–74 (2010)

90. Hong, C.Y., Caesar, M., Godfrey, P.B.: Finishing flows quickly with preemptive scheduling. ACM SIGCOMM Comput. Commun. Rev. **42**(4), 127–138 (2012)

91. Alizadeh, M., Edsall, T., Dharmapurikar, S., Vaidyanathan, R., Chu, K., Fingerhut, A., Lam, V.T., Matus, F., Pan, R., Yadav, N.: CONGA: distributed congestion-aware load balancing for datacenters. In: ACM SIGCOMM, pp. 503–514 (2014)

92. Zhu, Y., Eran, H., Firestone, D., Guo, C., Lipshteyn, M., Liron, Y., Padhye, J., Raindel, S., Yahia, M.H., Zhang, M.: Congestion control for large-scale RDMA deployments. ACM SIGCOMM **45**(5), 523–536 (2015)

93. Mittal, R., Lam, V.T., Dukkipati, N., Blem, E., Wassel, H., Ghobadi, M., Vahdat, A., Wang, Y., Wetherall, D., Zats, D.: TIMELY: RTT-based congestion control for the datacenter. In: ACM SIGCOMM, pp. 537–550 (2015)

94. Cho, I., Jang, K.H., Han, D.: Credit-scheduled delay-bounded congestion control for datacenters. In: ACM SIGCOMM, pp. 239–252 (2017)
95. Zhang, H., Zhang, J., Bai, W., Chen, K., Chowdhury, M.: Resilient datacenter load balancing in the wild. In: ACM SIGCOMM, pp. 253–266 (2017)
96. Nagaraj, K., Bharadia, D., Mao, H., Chinchali, S., Alizadeh, M., Katti, S.: Numfabric: fast and flexible bandwidth allocation in datacenters. In: ACM SIGCOMM, pp. 188–201 (2016)
97. Sivaraman, A., Cheung, A., Budiu, M., Kim, C., Alizadeh, M., Balakrishnan, H., Varghese, G., McKeown, N., Licking, S.: Packet transactions: high-level programming for line-rate switches. In: ACM SIGCOMM, pp. 15–28 (2016)
98. Chowdhury, M., Stoica, I.: Coflow: an application layer abstraction for cluster networking. In: ACM Hotnets. Citeseer (2012)
99. Zhang, H., Chen, L., Yi, B., Chen, K., Geng, Y., Geng, Y.: CODA: toward automatically identifying and scheduling coflows in the dark. In: ACM SIGCOMM, pp. 160–173 (2016)
100. Chen, Y., Alspaugh, S., Katz, R.H.: Design insights for MapReduce from diverse production workloads. California University Berkeley Department of Electrical Engineering and Computer Science, Technical Report (2012)
101. Kavulya, S., Tan, J., Gandhi, R., Narasimhan, P.: An analysis of traces from a production MapReduce cluster. In: CCGrid, pp. 94–103. IEEE (2010)
102. Mishra, A.K., Hellerstein, J.L., Cirne, W., Das, C.R.: Towards characterizing cloud backend workloads: insights from Google compute clusters. ACM SIGMETRICS PER 37(4), 34–41 (2010)
103. Reiss, C., Tumanov, A., Ganger, G.R., Katz, R.H., Kozuch, M.A.: Heterogeneity and dynamicity of clouds at scale: Google trace analysis. In: Proceedings of the Third ACM Symposium on Cloud Computing, p. 7. ACM (2012)
104. Sharma, B., Chudnovsky, V., Hellerstein, J.L., Rifaat, R., Das, C.R.: Modeling and synthesizing task placement constraints in Google compute clusters. In: SoCC, p. 3. ACM (2011)
105. Wilkes, J.: More Google cluster data. http://googleresearch.blogspot.com/2011/11/ (2011)
106. Zhang, Q., Hellerstein, J.L., Boutaba, R.: Characterizing task usage shapes in Google's compute clusters. In: LADIS (2011)
107. Jain, S., Kumar, A., Mandal, S., Ong, J., Poutievski, L., Singh, A., Venkata, S., Wanderer, J., Zhou, J., Zhu, M., et al.: B4: experience with a globally-deployed software defined WAN. ACM SIGCOMM 43(4), 3–14 (2013)
108. Hong, C.-Y., Kandula, S., Mahajan, R., Zhang, M., Gill, V., Nanduri, M., Wattenhofer, R.: Achieving high utilization with software-driven WAN. In: ACM SIGCOMM, pp. 15–26 (2013)
109. McKeown, N.: Software-defined networking. INFOCOM Keynote Talk 17(2), 30–32 (2009)
110. OpenFlow: Openflow specification. http://archive.openflow.org/wp/documents
111. McKeown, N., Anderson, T., Balakrishnan, H., Parulkar, G., Peterson, L., Rexford, J., Shenker, S., Turner, J.: Openflow: enabling innovation in campus networks. ACM SIGCOMM 38(2), 69–74 (2008)
112. Roberts, S.: Control chart tests based on geometric moving averages. Technometrics 1(3), 239–250 (1959)
113. Lucas, J.M., Saccucci, M.S.: Exponentially weighted moving average control schemes: properties and enhancements. Technometrics 32(1), 1–12 (1990)
114. Adams, R.P., MacKay, D.J.: Bayesian online changepoint detection. arXiv preprint arXiv:0710.3742 (2007)
115. Page, E.: A test for a change in a parameter occurring at an unknown point. Biometrika 42(3/4), 523–527 (1955)
116. Desobry, F., Davy, M., Doncarli, C.: An online kernel change detection algorithm. IEEE Trans. Signal Process. 53(8), 2961–2974 (2005)

117. Lorden, G., et al.: Procedures for reacting to a change in distribution. Ann. Math. Stat. **42**(6), 1897–1908 (1971)

118. Smith, A.: A Bayesian approach to inference about a change-point in a sequence of random variables. Biometrika **62**(2), 407–416 (1975)

119. Stephens, D.: Bayesian retrospective multiple-changepoint identification. Appl. Stat. **43**, 159–178 (1994)

120. Barry, D., Hartigan, J.A.: A Bayesian analysis for change point problems. J. Am. Stat. Assoc. **88**(421), 309–319 (1993)

121. Green, P.J.: Reversible jump Markov chain Monte Carlo computation and Bayesian model determination. Biometrika **82**(4), 711–732 (1995)

122. Berger, D.S., Gland, P., Singla, S., Ciucu, F.: Exact analysis of TTL cache networks: the case of caching policies driven by stopping times. ACM SIGMETRICS Perform. Eval. Rev. **42**(1), 595–596 (2014)

123. Ferragut, A., Rodríguez, I., Paganini, F.: Optimizing TTL caches under heavy-tailed demands. ACM SIGMETRICS Perform. Eval. Rev. **44**(1), 101–112 (2016). ACM

124. Basu, S., Sundarrajan, A., Ghaderi, J., Shakkottai, S., Sitaraman, R.: Adaptive TTL-based caching for content delivery. ACM SIGMETRICS Perform. Eval. Rev. **45**(1), 45–46 (2017)

125. Narayanan, A., Verma, S., Ramadan, E., Babaie, P., Zhang, Z.-L.: Deepcache: a deep learning based framework for content caching. In: Proceedings of the 2018 Workshop on Network Meets AI & ML, pp. 48–53. ACM (2018)

126. Mao, H., Netravali, R., Alizadeh, M.: Neural adaptive video streaming with pensieve. In: Proceedings of the Conference of the ACM Special Interest Group on Data Communication, pp. 197–210. ACM (2017)

127. Sadeghi, A., Sheikholeslami, F., Giannakis, G.B.: Optimal and scalable caching for 5G using reinforcement learning of space-time popularities. IEEE J. Sel. Top. Signal Process. **12**(1), 180–190 (2018)

128. Li, X., Wang, X., Wan, P.-J., Han, Z., Leung, V.C.: Hierarchical edge caching in device-to-device aided mobile networks: modeling, optimization, and design. IEEE J. Sel. Areas Commun. **36**(8), 1768–1785 (2018)

129. Ma, G., Wang, Z., Zhang, M., Ye, J., Chen, M., Zhu, W.: Understanding performance of edge content caching for mobile video streaming. IEEE J. Sel. Areas Commun. **35**(5), 1076–1089 (2017)

130. Drolia, U., Guo, K., Tan, J., Gandhi, R., Narasimhan, P.: Cachier: edge-caching for recognition applications. In: 2017 IEEE 37th International Conference on Distributed Computing Systems (ICDCS), pp. 276–286. IEEE (2017)

131. Gabry, F., Bioglio, V., Land, I.: On energy-efficient edge caching in heterogeneous networks. IEEE J. Sel. Areas Commun. **34**(12), 3288–3298 (2016)

132. Lombardi, A., Hörnquist, M.: Controllability analysis of networks. Phys. Rev. E **75**(5) Pt 2, 056110 (2007)

133. Liu, Y.-Y., Slotine, J.-J., Barabási, A.-L.: Controllability of complex networks. Nature **473**(7346), 167 (2011)

134. Yuan, Z., Zhao, C., Di, Z., Wang, W.X., Lai, Y.C.: Exact controllability of complex networks. Nat. Commun. **4**(2447), 2447 (2013)

135. Cornelius, S.P., Kath, W.L., Motter, A.E.: Realistic control of network dynamics. Nat. Commun. **4**(3), 1942 (2013)

136. Pasqualetti, F., Zampieri, S., Bullo, F.: Controllability metrics, limitations and algorithms for complex networks. IEEE Trans. Control Netw. Syst. **1**(1), 40–52 (2014)

137. Francesco, S., Mario, D.B., Franco, G., Guanrong, C.: Controllability of complex networks via pinning. Phys. Rev. E Stat. Nonlinear Soft Matter Phys. **75**(2), 046103 (2007)

138. Wang, W.X., Ni, X., Lai, Y.C., Grebogi, C.: Optimizing controllability of complex networks

by minimum structural perturbations. Phys. Rev. E Stat. Nonlinear Soft Matter Phys. **85**(2) Pt 2, 026115 (2012)

139. Gerla, M., Lee, E.K., Pau, G., Lee, U.: Internet of vehicles: from intelligent grid to autonomous cars and vehicular clouds. In: Internet of Things (2016)

140. Kaiwartya, O., Abdullah, A.H., Cao, Y., Altameem, A., Liu, X.: Internet of vehicles: motivation, layered architecture network model challenges and future aspects. IEEE Access **4**, 5356–5373 (2017)

141. Alam, K.M., Saini, M., Saddik, A.E.: Toward social Internet of vehicles: concept, architecture, and applications. IEEE Access **3**, 343–357 (2015)

第 3 章 *Chapter 3*

数据中心接入网中的任务调度方案

摘要 近年来，先进的微服务开始受到越来越多的关注。现在，大量在线交互应用程序被编程到云上的服务链中，以寻求更好的系统可扩展性和更低的运营成本。与传统的批处理作业不同，大多数此类应用程序由多个相互通信的独立服务组成。这些分步操作不可避免地会给延迟敏感的链式服务带来更高的延迟。

在本章中，我们旨在设计一种优化方法来减少链式服务的延迟。具体来说，通过对百度云平台上的链式服务进行测量和分析，我们的跟踪显示，这些链式服务因大多由云服务器上的不同队列多次处理而有明显的高延迟。然而，这种一项服务多次处理的特性给优化微服务的整体排队延迟带来了新的挑战。为了解决这个问题，我们提出了一种延迟保证的方法来加速链式服务的处理速度，同时获得链式服务与非链式服务之间的公平性。我们在百度集群上的实际部署表明，该设计可以成功地将链式服务的延迟减少35%，而对其他工作负载的影响很小。

3.1　简介

在本节中，我们将在百度网络中进行一些测量，并揭示服务链的长时间延迟。

我们的目的是在不影响非交互式工作负载（以确保公平性）的前提下加速交互式工作负载。

作为最大的中文搜索引擎，百度在其网络中部署了数十种应用程序。这些应用程序覆盖了人们生活的方方面面，并且可以进一步相互协作以提供更全面的功能（如第 1 章所述）[1-5]。

为了评估这些服务的性能，我们测量了百度的一个服务器集群的工作负载延迟。特别是，我们监视所有工作负载，记录服务请求的响应时间，然后通过分析跟踪日志来计算交互式和非交互式工作负载的平均延迟。我们在 2016 年 4 月 1 日的 0:00 ~ 24:00 获取了这两种工作负载的日志，并绘制了图 3.1 中的统计图。x 轴表示一天中的时间，y 轴表示以毫秒为单位的服务等待时间。

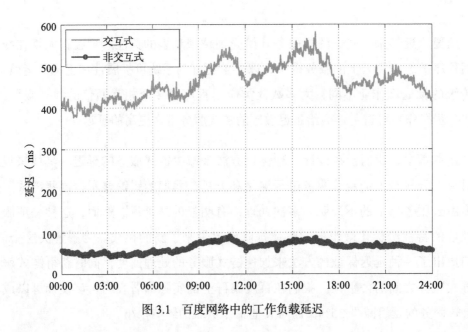

图 3.1　百度网络中的工作负载延迟

根据这些结果，我们得出以下结论：

（1）非交互式工作负载的平均延迟约为 60 ~ 70 ms，而交互式工作负载的平均延迟约为 500 ms，即交互式工作负载的延迟是非交互式工作负载的延迟的约 7 倍。

（2）即使网络没有拥塞（例如，在午夜），交互式工作负载延迟仍然比非交互式工作负载延迟长得多。

（3）当出现轻微的突发事件时，例如 11:00 或 16:00，交互式工作负载的性能会受到明显的影响，使得延迟更高。

正如我们之前分析的，非交互式工作负载可以在一个实例中完成，而交互式工作负载必须一个接一个地经过不同的服务器[6-11]。为了优化延迟敏感的交互式工作负载的性能，我们应该加速这些工作负载的处理，例如分配更高的优先级或分配更多的资源。但是，改进交互式工作负载不可避免地会影响非交互式工作负载，因为它们共享相同的物理基础设施[12-17]。因此，一个公平的优化方案应该具有以下特点：

（1）减少延迟敏感的交互式工作负载的延迟；

（2）确保所有工作负载之间的公平性（不要严重降低非交互式工作负载）。

3.2 具有延迟保证的动态差异化服务

我们将在 3.2.1 节研究延迟间隙的本质，然后在 3.2.2 节介绍我们的方法的设计理念。根据这一理念，我们设计了一种称为"具有延迟保证的动态差异化服务"（D^3G）的算法，该算法减少了链式服务的延迟，同时确保了工作负载的公平性。

3.2.1 延迟的组成部分

由于交互式应用程序包含应用于不同服务器的基本功能，因此这些工作负载应按特定顺序经过多个服务器，以便逐步应用所需的功能。因此，交互式工作负载将在多台服务器中排队多次，而非交互式工作负载将仅排队一次。

具体来说，我们分析了交互式工作负载 $R_{i,j}$ 和非交互式工作负载 $R_{i,i}$ 的延迟：由于交互式工作负载跨越多个服务器并在每个服务器中排队，因此最终的延迟是在每个服务器上排队和服务时间的总和。此外，不同服务器之间的传输时间也会导致延迟。而非交互式工作负载只通过一个特定的服务器，因此只有一次排队和服务时间。因此，交互式工作负载的总延迟比非交互式工作负载的总延迟要长得多（如图 3.1 所示）。

3.2.2 设计理念

由于用户的耐心是有限的，一旦延迟超过了他们的忍耐上限，他们就会放弃使用系统，因此交互式工作负载延迟 $W_i(R_{i,j})$ 对于这些延迟敏感的应用程序是十分重要的。有了这种预期的耐心，我们就有了系统离开的定理，表述如下：

定理 3.1 当整体等待时间 $W(R_{i,j})$ 超过使用耐心 $\overline{\Gamma}(R_{i,j})$ 时，用户将放弃系统，这会导致等待队列的放弃率增加。

为了确保持续的服务并防止用户放弃系统，应在用户允许的范围内安排交互式工作负载。为此，我们在这项工作中进行了资源重新调整。具体来说，我们将交互式工作负载与非交互式工作负载分开，并使其在不同的队列中挂起。

我们在每个服务器中使用两个队列：Q_l 代表非交互式请求的队列，Q_r 代表交互式请求的队列。这两个队列共享同一服务器中的基础设施和资源。加速交互式工作负载的难点在于，当把更多的资源分配给 Q_r 时，将不可避免地影响 Q_l 的流程。因此，如何在不同工作负载之间共享一台服务器上的资源成为解决加速链式服务问题的关键所在。

为了解决此问题，我们设计了 D^3G，D^3G 可以自动实时地调整不同类型工作负载之间的资源分配。为了使 D^3G 更智能，我们设计了一种估计算法来预先计算某请求在其他服务器上的处理时间。此外，我们还引入了一种反馈机制，以减少对非交互式工作负载的负面影响。

3.2.3 D³G 框架

如 3.2.2 节所述，我们将交互式工作负载与非交互式工作负载分开，并使其独立排队。我们设计了一个延迟估计算法，一旦估计的延迟超过了用户的承受能力，就会根据反馈方案动态调整队列之间的资源分配。因此，交互式工作负载将在所有中间服务器中得到加速，并最终获得与非交互式工作负载相当的延迟。

具体来说，当请求到达服务器时，匹配方案将检查此请求是否应被立即转发，即如果它是交互式请求，则它将在 Q_r 中排队，否则在 Q_l 中排队，并记录源（s）、目的地（d）和请求函数（f）。然后，延迟估计算法会计算此请求在后续服务器中的总延迟。如果超过了用户的忍耐上限，则根据反馈方案动态调整资源分配，优先调度该交互式请求，使其最终完成时间在用户的忍耐上限之内。

在延迟估计算法中，当具有 $\langle s, d, f \rangle$ 的请求进入队列时，我们更新队列信息并记录入队时间。一旦请求开始被服务，则记录响应开始时间和排队时间。如果此请求是交互式请求，则它将在服务后被传输到下一个服务。如果这个请求是非交互式请求，则可以直接得到完成时间，即把开始时间和服务时间相加。因此，我们可以计算总的估计延迟。

在反馈方案中，我们在使用马尔可夫链对两个队列进行建模之前，先给出了工作负载的到达率 λ、服务器的服务率 β 和用户的放弃率 γ。在计算了队列长度和期望等待时间之后，我们通过调整资源分配来均衡工作负载延迟。下一小节将介绍详细的调整说明。

总的来说，D^3G 将性能优化问题转化为资源分配问题，通过估计不同网络服务的延迟，调整分配的资源来缓解不平衡。实时估计算法和智能反馈方案使 D^3G 能自动且高效地工作。

3.2.4　调整资源分配

为了计算分配给交互式工作负载的资源配比（μ_r）和分配给非交互式工作负载的资源配比（μ_l），我们在调整方案中对排队问题进行建模。为了分析请求的到达率和离开率，我们采用马尔可夫模型表示两个队列的状态传输。通过对服务时间和放弃率的不同分布建模,我们可以计算各种工作负载的等待时间。最后,反馈方案可以调整资源分配以确保公平。

请求的到达过程是一个离散的随机过程,未来的请求数与当前的请求数相关,这里用马尔可夫链表示队列,并计算队列长度。

当请求到达时,队列长度增加 1。相反,当请求放弃队列时,队列长度会减小。

令 λ、$1/\beta$、$1/\gamma$ 分别表示到达、服务时间和放弃时间的期望值,我们可以将每个队列分别建模为 M/M/1 队列,并由 λ、θ 和 μ 计算得到队列长度 N_t。

如前所述,由于服务时间是指数分布的,并且每个服务彼此独立,因此请求在一台服务器上的等待时间的期望值是可以通过卷积计算的。

回想一下,交互式请求将在不同服务器的队列中排队多次,而非交互式请求只需要排队一次。在期望等待时间的情况下,我们假设服务器上的传输时间为高斯分布[18],然后使两个队列的总延迟相等。

最后,我们可以计算出交互式工作负载的分配率 μ_r 和非交互式工作负载的分配率 μ_l。通过这种调整后的分配,来自延迟敏感的应用程序的交互式工作负载可以将延迟降至用户的承受范围之内,从而减少用户流失。

3.3 部署

我们在百度网络的服务器上用 C 语言编写了算法,实现了 D^3G。服务器采用 Linux 操作系统,配置了基于 Java 的 tomcat Web 服务器。我们选择了 4 个配置有 4G 内存、两个内核和 100Mbit/s 公共网络带宽的服务器,采用了 36 个终端主机作为客户端,每个主机都配置有 Intel i5 1.7 GHz CPU 和 2G 内存。所有终端主机不断地向服务器发送交互式或非交互式请求。交互式工作负载需要在每台服务器上进行串行链式服务,而非交互式工作负载只需要由一台服务器即可处理完毕。

在下一节中,我们将进行一系列实验来测量如下方面的性能:

（1）总体性能。测量交互式和非交互式工作负载的平均响应时间与启动了 D^3G 的最新方案的响应时间。

（2）算法动态性。在动态场景下测试算法的性能。

（3）系统可扩展性。在扩展规模下对 D^3G 的优化进行评价。

3.4　D^3G 实验

如 3.3 节所述，我们进行了三组实验来测试算法效率，并评估不同网络环境下的平均响应时间和服务性能。回想一下 3.1 节中的例子：交互式工作负载的延迟实际上是非交互式工作负载的延迟的约 7 倍。

本节的实验结果表明，D^3G 显著减少了对时间敏感的工作负载的延迟。同时，非交互式工作负载并未受到严重影响，仍具有较短的延迟。除了验证 D^3G 算法的有效性外，我们还证明了大规模部署情况下的潜在收益。

3.4.1　整体表现

在本小节，我们设计了几组实验来评估 D^3G 在不同网络环境下的性能。

由于交互式工作负载陆续通过多个服务器，因此这些工作负载实际上比非交互式工作负载更长。因此，我们将交互式工作负载的长度设置为 100 ～ 200 KB，将非交互式工作负载的长度设置为 1 ～ 100 KB。

我们以 9:1 的模式开始实验。在这种情况下，每 9 个终端主机向 1 个服务器发送交互式和非交互式请求。我们进行了 200 次实验，并使用上下误差条计算了每 20 个实验的平均响应时间。图 3.2a 显示了不使用 D^3G 的结果，从中我们可以观察到交互式工作负载的平均延迟约为 120ms，而非交互式工作负载的平均延迟约为 75ms。图 3.2b 显示了部署 D^3G 后的优化结果，其中交互式工作负载延迟平均减少 33%（至 80ms），而非交互式工作负载延迟受到的影响很小。

图 3.2a 显示了在实施 D^3G 之前，交互式请求的延迟是非交互式请求的 2 倍以上，而图 3.2b 显示了在实施 D^3G 之后的优化结果。对于交互式请求，平均延迟约为 90ms，

对于非交互式工作负载，延迟为 78ms。从这些图中还可以得出，在 100ms 处，图 3.2a 中的交互式工作负载均未完成，而非交互式工作负载已经全部完成。在图 3.2b 中，同样在 100ms 处，78% 的交互式工作负载和 99% 的非交互式工作负载完成了服务。

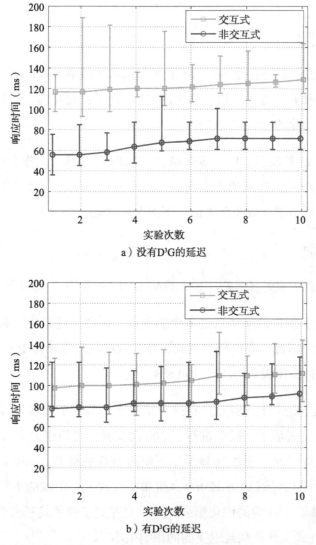

a）没有 D^3G 的延迟

b）有 D^3G 的延迟

图 3.2　非交互式请求大小为 (1KB, 100KB] 而交互式请求大小为 (100KB, 200KB] 时的性能

从这些实验结果中可以看出，D^3G 在各种情况下都能很好地加速交互式工作负载。

3.4.2　算法动态性

为了在动态场景中评估我们的算法，我们模拟了一个动态场景以验证 D^3G 的实时效率。

我们在前 60s 仅发送非交互式请求，然后在 60s 处开始发送交互式请求，并在 130s 处停止发送交互式请求。图 3.3a 显示了该动态过程的平均延迟。在短时间内（从 60s 到 70s），等待时间很长，然后开始下降，因为 D^3G 将更多资源分配给了交互式队列。当交互式工作负载在 130s 处停止时，非交互式工作负载的等待时间便随之下降。

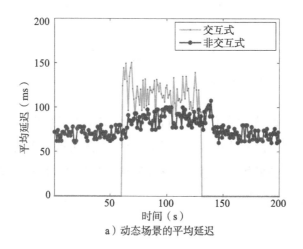

a）动态场景的平均延迟

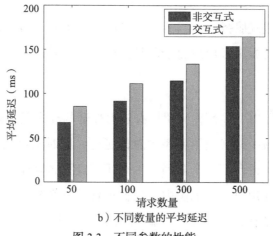

b）不同数量的平均延迟

图 3.3　不同参数的性能

从这些实验中，我们可以得出结论：在实施 D^3G 之后可以加速交互式工作负载，并且不会严重影响非交互式工作负载的性能。

3.4.3 系统可扩展性

最后，我们扩展了实验规模并增加了并发性以测试算法的可扩展性。

我们加快了请求的发送速度，图 3.3b 显示了各种规模的平均延迟。当有 50 个并发请求时，非交互式工作负载的平均延迟约为 65ms，而交互式工作负载的平均延迟约为 80ms。当并发请求数增加到 500 时，平均延迟分别约为 150 ms 和 170 ms。这些结果表明我们的算法在大规模系统中是可扩展的。此外，如果交互式工作负载由更多的云服务器处理，那么没有 D^3G 的延迟将变得更高（就像 3.4.1 节中的情况一样），并且我们的算法优化将更加明显。

通过以上部署和评估，我们可以得出结论：D^3G 成功地将交互式工作负载的延迟减少到合理的范围内，即使扩展规模也不会对非交互式工作负载产生明显的影响。我们相信，D^3G 的关键思想，即减少对时间敏感的应用程序的交互式工作负载的整体延迟，将对当今的微服务大有裨益。

3.5 总结

对于基于云的链式服务，我们测量并分析了它们在百度网络中的性能，结果表明，这些延迟敏感的微服务应用由于历经多个独立组件的多次延迟而遭受了较长的整体延迟。

在本章，我们提出了一种称为"具有延迟保证的动态差异化服务"（D^3G）的新算法，该算法旨在减少链式应用程序的总体延迟，同时确保工作负载的公平性。为此，我们在服务器中设计了两个队列，一个用于交互式请求，另一个用于非交互式请求。为了使延迟在用户容忍范围内，我们设计了一个延迟估计算法来预先计算交互延迟。此外，为了保证公平性，我们引入了一种基于资源分配的反馈控制方案，以确保非交互式工作负载的性能。大量详细的评估结果表明，D³G 成功地加速了链式服务并确保了工作负载间的公平性。由于基于服务链的微服务应用程序具有轻量级、良好的可迁移性、更好的系统可伸缩性和更低的运行成本等诸多明显优势，其必将吸引越来越多的关注。我们相信 D³G 将随着服务链的发展而进一步展现其有效性。

参考文献

1. Wang, H., Shea, R., Ma, X., Wang, F., Liu, J.: On design and performance of cloud-based distributed interactive applications. In: 2014 IEEE 22nd International Conference on Network Protocols (ICNP), pp. 37–46. IEEE (2014)
2. Pujol, E., Richter, P., Chandrasekaran, B., Smaragdakis, G., Feldmann, A., Maggs, B.M., Ng, K.-C.: Back-office web traffic on the internet. In: Proceedings of the 2014 Conference on Internet Measurement Conference, pp. 257–270. ACM (2014)
3. Zaki, Y., Chen, J., Potsch, T., Ahmad, T., Subramanian, L.: Dissecting web latency in ghana. In: Proceedings of the 2014 Conference on Internet Measurement Conference, pp. 241–248. ACM (2014)
4. Yue, K., Wang, X.-L., Zhou, A.-Y., et al.: Underlying techniques for web services: a survey. J. Softw. **15**(3), 428–442 (2004)
5. Seung, Y., Lam, T., Li, L.E., Woo, T.: Cloudflex: seamless scaling of enterprise applications into the cloud. In: INFOCOM, 2011 Proceedings IEEE, pp. 211–215. IEEE (2011)
6. Xu, K., Zhang, Y., Shi, X., Wang, H., Wang, Y., Shen, M.: Online combinatorial double auction for mobile cloud computing markets. In: Performance Computing and Communications Conference (IPCCC), 2014 IEEE International, pp. 1–8. IEEE (2014)
7. Guo, J., Liu, F., Zeng, D., Lui, J.C., Jin, H.: A cooperative game based allocation for sharing data center networks. In: INFOCOM, 2013 Proceedings IEEE, pp. 2139–2147. IEEE (2013)
8. Vik, K.-H., Halvorsen, P., Griwodz, C.: Multicast tree diameter for dynamic distributed interactive applications. In: INFOCOM 2008. The 27th Conference on Computer Communications. IEEE. IEEE (2008)
9. Webb, S.D., Soh, S., Lau, W.: Enhanced mirrored servers for network games. In: Proceedings of the 6th ACM SIGCOMM Workshop on Network and System Support for Games, pp. 117–122. ACM (2007)
10. Shao, Z., Jin, X., Jiang, W., Chen, M., Chiang, M.: Intra-data-center traffic engineering with ensemble routing. In: INFOCOM, 2013 Proceedings IEEE, pp. 2148–2156. IEEE (2013)
11. Sivaraman, A., Cheung, A., Budiu, M., Kim, C., Alizadeh, M., Balakrishnan, H., Varghese, G., McKeown, N., Licking, S.: Packet transactions: high-level programming for line-rate switches. In: ACM SIGCOMM, pp. 15–28 (2016)
12. McKeown, N., Anderson, T., Balakrishnan, H., Parulkar, G., Peterson, L., Rexford, J., Shenker, S., Turner, J.: Openflow: enabling innovation in campus networks. ACM SIGCOMM **38**(2), 69–74 (2008)
13. McKeown, N.: Software-defined networking. INFOCOM Keynote Talk **17**(2), 30–32 (2009)
14. Hong, C.-Y., Kandula, S., Mahajan, R., Zhang, M., Gill, V., Nanduri, M., Wattenhofer, R.: Achieving high utilization with software-driven WAN. In: ACM SIGCOMM, pp. 15–26 (2013)

15. Jain, S., Kumar, A., Mandal, S., Ong, J., Poutievski, L., Singh, A., Venkata, S., Wanderer, J., Zhou, J., Zhu, M., et al.: B4: experience with a globally-deployed software defined WAN. ACM SIGCOMM **43**(4), 3–14 (2013)
16. Zhang, H., Chen, L., Yi, B., Chen, K., Chowdhury, M., Geng, Y.: CODA: toward automatically identifying and scheduling coflows in the dark. In: ACM SIGCOMM, pp. 160–173 (2016)
17. Chowdhury, M., Stoica, I.: Coflow: an application layer abstraction for cluster networking. In: ACM Hotnets. Citeseer (2012)
18. Pebesma, E., Cornford, D., Dubois, G., Heuvelink, G.B., Hristopulos, D., Pilz, J., Stohlker, U., Morin, G., Skoien, J.O.: Intamap: the design and implementation of an interoperable automated interpolation web service. Comput. Geosci. **37**(3), 343–352 (2011)

第 4 章 *Chapter 4*

数据中心终端系统中
跨层传输协议的设计

摘要 数据中心常常被用作许多现代商业运营的基础设施，为大型互联网提供服务，为越来越多的数据密集型科学应用程序提供平台。在这些应用程序中，任务是由丰富而复杂的数据流组成的，这些流在不同时间对资源的需求也不同。然而，现有的数据中心调度框架是单独基于任务级别或流级别信息度量的。虽然这简化了设计和部署，但对于延迟敏感应用程序却丧失了缩短任务完成时间的可能。

在本章，我们首先证明现有的流感知和任务感知网络调度方法的性能（例如，尾部任务完成时间和平均任务完成时间）远远达不到最优水平。其次，为了解决这个问题，我们仔细研究了同时考虑任务级别信息和流级别信息的可能性，并提出了数据中心网络中 TAFA（Task-Aware and Flow-Aware，任务和流协同感知）的设计。这种方法将现有的流级别和任务级别信息无缝地结合在一起，成功地避免了流隔离和任务隔离等问题。实验结果表明，TAFA 能将任务完成时间缩短 35% 以上，使现有数据中心系统获得近似最优的性能。

4.1 简介

调度策略决定任务和流在网络中调度的顺序[1-6]。在本节，我们将展示流感知和任务感知在分开应用时是如何浪费资源的，然后介绍 TAFA 是如何合并两层感知信息的，最终使任务完成速度比单独流感知的公平共享方法提高 2 倍，比单独任务感知的 FIFO-LM 方法提高 20%。在给出一个具体的例子之前，我们先介绍一下任务和流的定义：

定义 4.1　任务　任务由多个流组成，与用户请求相对应。在 DC 中，应用程序执行的是丰富而复杂的任务（例如执行搜索查询或生成用户墙）。

定义 4.2　流　流是基本操作单元，一系列流可以形成一个任务，用以完成一个特定的用户请求。此外，流在不同的时间可能穿过网络的不同部分，并且流之间存在着紧密的关系（如顺序和并行）。任务完成时间（Task Completion Time，TCT）取决于属于该任务的最后一个流的完成时间。

在任务和流的概念中，我们设想一个具有 CPU 和链接资源的小集群，有 A、B 两种任务，每个任务各有两个步骤。这种情况类似于 map-reduce，map 任务是 CPU 密集型任务，而 reduce 任务是网络密集型任务[7]。每个任务有两个流，每个流由 CPU 处理阶段和网络处理阶段组成。CPU 处理阶段需要 2 个单位的 CPU 时间，网络处理阶段则消耗 2 个单位的链路时间。此外，网络处理阶段在 CPU 处理阶段结束后才能开始。

流感知　考虑流感知公平共享（Fair Sharing，FS）调度方案。假设所有的流都是无限可分的，那么将会在第一个 4t 充分利用集群的 CPU 资源执行调度的 4 个 map 流，这个阶段结束后，4 个 reduce 流变为可运行状态，然后通过集群再次公平分配资源去执行 4 个 reduce 流。由于争用，每个流只能获得 1/4 的资源，这使得另一个 4t 的资源也处于繁忙状态。因此，这两个任务都将在 8t 时完成调度。

任务感知　显然，上述流感知的公平共享在这里并不是一个好的选择。现在我们考虑基于任务感知的调度 FIFO-LM[8]。根据 FIFO，A 的两个流应该首先被调度，并且在相同的任务 id 下，两个流在 CPU 阶段公平地共享 CPU，因此这个阶段将占用 2t 的 CPU，然后在 2t 时，可以开始任务 1 的网络阶段和任务 2 的 CPU 阶段。在 4t 时，可以开始任务 2 的网络阶段。此调度过程如图 4.1 的上半部分所示。两个任务分别在 4t 和 6t 时结束。与 FS 相比，平均完成时间从 8t 减少到 5t。

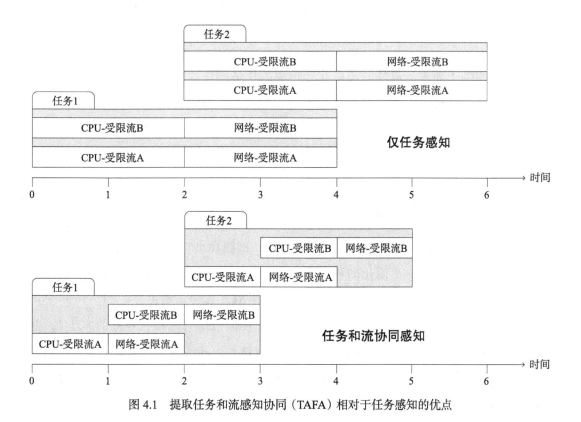

图 4.1 提取任务和流感知协同（TAFA）相对于任务感知的优点

值得注意的是，其实这个结果仍然不是最优的。接下来我们将展示如何在任务和流协同感知模式上进一步减少 TCT。

核心思想是实现任务感知调度方案的流感知。如定义 4.2 所述，流完成时间与任务完成时间密切相关。因为减少平均流完成时间也会缩短任务完成时间，所以为了减少任务完成时间，我们应该区分任务的不同流。因此，我们在这一步抛弃了流之间的公平共享方法,让集群一个接一个地对流进行服务(在 4.4 节,我们将引入 FQH 来决定流的执行顺序)。如图 4.1 的下半部所示,这两个流的 CPU 阶段不是同时进行服务的,而是让其中一个流先完成处理,再完成另一个,因此每个流的 reduce 阶段都是从 1t 开始(而在 FIFO 中,这个 reduce 阶段从 2t 开始)。这样,任务 2 的流便可以提前开始调度。因此,两项任务的完成时间分别为 3t 和 5t。平均 TCT 是 FS 的一半(由 8t 缩短为 4t),比任务感知低 20%(由 5t 变成 4t)。从这个简单的场景中我们可以看到,只需一个接一个的简单顺序调度,就可以比 FIFO-LM 减少 20% 的平均完成时间。

上面的例子证实了单独的流感知和单独的任务感知的低效性,并且没有优化任务完成时间,这是由于这两种方法都忽略了跨层的感知信息而导致了资源浪费。在描述 TAFA 框架之前,我们首先在 4.3 节分析难点,然后在 4.4 节展示 TAFA 是如何优于现有协议的。

4.2　TAFA 控制方案

下面我们仔细研究一下 TAFA 的控制方案,试图找出它在上述场景中比 FIFO 表现好的原因。我们在一个简化的环境中对 TAFA 进行分析。考虑 map-reduce 场景中的 N 个任务($T_1, \cdots, T_N$),每个任务都由 n_i 个流组成,其中 $n_i \in [n_{\min}, n_{\max}]$ 。由 n_i 个流组成的任务数为 m_i ,其中 $\sum_{i=n_{\min}}^{n_{\max}} m_i = N$ 。进一步假设所有流都有相同的大小 l ,并且共享服务速度为 v 的单个瓶颈资源。当然,在现实中并不是所有的流大小都是相同的。但这只是一个简单案例,我们用以说明流级别和任务级别之间的关系,因此这个例子能让我们在任务完成时间上捕捉两个级别感知之间的影响即可。

在 FIFO 中,对于一个由 n_i 个流组成的任务来说,所有流都是同步调度的,因此分配给特定流的服务速度是 $\frac{v}{n_i}$,这个任务的完成时间是 $\frac{l}{v/n_i}$ 。因此,所有 N 个任务的完成时间计算为:

$$\text{TCT}_{\text{FIFO}} = \sum_{i=n_{\min}}^{n_{\max}} m_i \times \frac{l \times n_i}{v} \tag{4.1}$$

在 TAFA 中，对于由 n_i 个流组成的任务，流不是同步调度的，而是按特定的顺序调度的（这里为了简单起见，我们也使用按顺序的逐步调度方案），所以第二个流的 map 进程可以在第一个流刚刚完成 map 进程时就开始调度，因为第一个流在进入 reduce 阶段时会释放资源，我们称这种情况为预处理。因此在 TAFA 中，完成这项任务的时间是：

$$\frac{l}{v} + (n_i - 1) \times \frac{l/2}{v} = \frac{l/(n_i+1)}{2v} \qquad (4.2)$$

由于任务之间也存在预处理，所以所有 N 个任务的完成时间计算为：

$$\text{TCT}_{\text{TAFA}} = \sum_{i=n_{\min}}^{n_{\max}} m_i \times \frac{l/(n_i+1)}{2v} - (N-1) \times \frac{l/2}{v} \qquad (4.3)$$

为了清楚地比较，我们将 n_i 设为 2，N 设为 10，每个 m_i 设为 1，计算两种方案的任务完成时间：

$$\text{TCT}_{\text{FIFO}} = \sum_{i=1}^{10} \frac{l \times 2}{v} = \frac{20l}{v}$$
$$\text{TCT}_{\text{TAFA}} = \sum_{i=1}^{10} \frac{l/(2+1)}{2v} - 9 \times \frac{l/2}{v} = \frac{21l}{2v} \qquad (4.4)$$

通过计算，我们可以看到 TAFA 比 FIFO 减少了约 50% 的 TCT。

4.3 主要挑战

任务完成时间受两个因素的影响，一个是调度顺序，另一个是控制速度。对于前者，调度顺序不仅与任务调度顺序相关，还与流调度顺序相关，其中流的调度顺序是一个关键因素（因为任务完成时间取决于其最后一个流的完成时间）。对于控制速度，为了缩短任务完成时间，使用短流优先（Short Flow First，SFF）是最有效的。现在几乎所有的协议都忽略了流量大小，而为了实现 SFF，拥塞窗口需要根据流量大小进行调整。要同时解决的这两个问题并不容易。我们在本节列出了一些关键的挑战。

第一，需要在没有先验知识的情况下完成短任务优先（Short Task First，STF）调度。对于减少平均任务的完成时间而言，FIFO 并不是一种高效的调度方法，因此我们尝试在任务级的调度中实现 STF。然而，如前所述，任务是由多个流组成的，这些流在不同的时间可能穿越网络的不同部分，因此在所有流到达之前，我们无法知道任务的总大小，从而导致调度时任务的优先级不明确。这里的关键挑战是在没有先验知识的情况下，在短时间内完成任务。

第二，流感知。由于任务完成时间取决于最后一个流的完成时间，而 SFF 是缩短流完成时间最有效的方法，因此关键问题是如何使短流比长流提前调度。

综上所述，一个高效的调度方案应该兼顾以上两个方面，具有任务和流协同感知的能力。为了缩短任务完成时间，我们设计了 TAFA 模型，下一节将主要介绍该框架。

4.4　TAFA——任务和流协同感知

在本节，我们将描述 TAFA 的启发式调度，将任务感知和流感知相结合，使调度更优、更合理。由于任务完成时间取决于最后一个流的完成时间，因此为了设计最小化 TCT 的调度方法，需要澄清两个问题。一个问题是任务调度顺序，这是一个众所周知的 NP 难问题 [8]。另一个问题是流调度顺序，它可以进一步减少任务的完成时间。我们设计了在没有先验知识的情况下使用商用交换机实现 STF 的方法（见 4.4.1 节）。为了得到减少任务完成时间的详细流调度方法，我们将在 4.4.2 节引入 FQH。

4.4.1　任务感知

任务调度策略决定任务在网络上的调度顺序，而一个任务由多个流组成，这些流的原始优先级依赖于任务顺序。

在本小节，我们将重点讨论任务级别的优先级。在高层次上，TAFA 机制主要包括优先级排队和 ECN 标记，它们可以根据任务发送的字节动态调整任务的优先级。

4.4.1.1　终端主机操作

在 TAFA 中，终端主机只负责两件事：一是生成任务 id，二是根据交换机做的标记控制发送速率。

对于生成任务 id，终端主机为每个任务分配一个全局唯一标识符（task-id）。当终端主机生成一个新任务时，该任务的每个流都将被打上 task-id 的标记。为了生成这个 id，每个主机只需维护一个单调递增的计数器。与 PIAS[9]（标签由包携带）不同，TAFA 允许流携带这些标签，使任务在交换机加载时非常清晰；与任务感知[8]不同，其仅将巨大任务与小任务分开，而我们将任务分类为多个优先级，这部分将在 4.4.1.2 节进行解释。

对于速率控制，我们首先要解释多个流之间的关系。由于任务由许多复杂的流组成，这些流将在不同的时间穿越不同的服务器以响应用户请求，因此并非所有流都同时处于活跃状态。尽管不同的应用程序之间存在巨大的差异，但根据它们的通信模式，流之间的关系可以分为三类：

（1）并行流，可以是对存储服务器集群的请求。

（2）对于顺序访问任务，流请求是有顺序的，使得一个任务中的流应该按顺序逐个调度。

（3）对于分散聚合任务，可能涉及数百个流的分散和聚合，流的顺序尤其重要。

PIAS 有一个严重的弱点：它忽略了同一任务中的流之间的关系，并且每个流单独具有一个可调整的优先级。对于顺序访问任务，如果前一个流很大，则其优先级将逐渐降低，而随后优先级较高的短流将提前完成。但对于有顺序要求的流来说，由于缺乏前续结果，后续结果即便计算出来也是无用的，甚至根本无法进行计算。

为避免这种情况发生，TAFA 应根据交换机打上的标记随时调整发送速率和顺序。具体方案见 4.4.2 节。

4.4.1.2 交换机操作

TAFA 交换机应内置两个功能：优先级队列和使能 ECN 标记。

终端主机为每个任务中的每个流标记一个 task-id 用于决定这个流在优先级队列中的调度顺序，因此交换机需要做的唯一事情就是维护队列。流在交换机中的不同优先级队列（大于 2 个）中等待。每当一个链路空闲或有足够的资源调度一个新的流时，最高非空优先级队列中的第一个流将会被执行。随着已经完成的任务字节数的增加，该任务的优先级逐渐降低，因此从属该任务的流的优先级也会降级，从而将会在队列中等待更长的时间。

ECN 标记（现代商用交换机 [10] 已经提供该功能）是将网络中的拥塞体验（Congestion Experienced, CE）在流中做标记，以向终端主机提供多比特反馈。因此，TAFA 在交换机上采用了一种非常简单的标记方案，只有一个标记阈值为 Υ 的参数。如果一个任务的字节数大于 Υ，则该任务的流用 ECE 标记，否则不标记。此 ECN 标记可以通知终端主机降低其优先级。收到具有 ECN 标记的流的终端主机应该将其流进行降级。这种反馈机制可以在没有先验知识的条件下实现短任务优势。采用这种短任务优先的方案，不仅可以降低 TCT，而且可以避免大流饿死。

4.4.1.3 多优先级队列

流级调度中的关键问题 [9] 是阈值 Υ 的确定，这里给出了阈值 Υ 的向量（由 $\Upsilon_1, \Upsilon_2, \cdots, \Upsilon_{\tau-1}$ 组成），其中，τ 是优先级队列的数目，Υ_i 是优先级队列 i 的阈值，即在第 i 个优先级队列中。当一个任务已传输的累积字节数大于 Υ_i 时，该任务的流将被标记为 ECN，该任务应降级到低优先级队列中。

在降级过程中，只设计一个降级阈值不能应对突发情况，因此本书提出设计阈值向量，这比只有一个阈值更具优势。在解释原因之前，我们现在考虑两个流大小分布 [11]（如图 4.2 所示），第一个分布来自支持 Web 搜索 [10] 的数据中心，另一个分布来自运行大型数据挖掘作业的集群 [12]。根据 Alizadeh 的分析，这两种工作负载是小流和大流的多样化组合。在 Web 搜索中，超过 95% 的字节来自 30% 的流，而在数据挖掘工作负载中，超过 95% 的字节来自 4% 的流，80% 的流都小于 10KB。

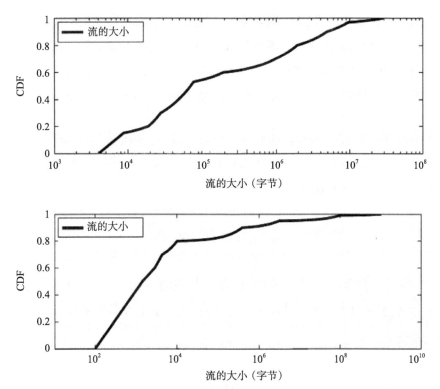

图 4.2　两种流大小分布。上面是 Web 搜索工作负载，下面是数据挖掘工作负载

　　这些数据分析引入了一个重要的极端情况，即短任务和短流引起的突发事件。假设有大量的任务，每个任务产生大量的流，且每个任务的已发送字节都是 0，此时所有的流都在最高优先级队列中。当优先级队列的阈值相同时，所有的流都同时处在前一个优先级队列中，或者所有的流都同时落入较低优先级的队列中，这使得多个队列没有任何意义。而分段阈值向量可以在这种情况下工作，通过使用

$\Gamma_1 < \Gamma_2 < \cdots < \Gamma_{r-1}$ 将任务降级到低优先级队列的速度逐渐变慢,最终避免了优先级降级的并发性。由于阈值向量的值与实际流有关,因此我们将在 4.6 节进一步展示该向量是如何提高流量变化的鲁棒性的。

4.4.2 流感知

为了详细介绍 TAFA,在本小节中,我们将展示如何使任务感知调度流感知。像 DCTCP 和 D²TCP 一样,我们要求交换机支持 ECN,这在当今的数据中心交换机中是可行的。由于短流优先被认为是缩短流完成时间的最有效方法,因此我们采用数据流大小感知的方式调节拥塞窗口。当拥塞发生时,长流会猛烈地后退,而短流只会稍微后退。通过使用这种大小感知的拥塞避免方案,可以在早期调度更多的流。

为了解释 TAFA 的流感知,我们从 D²TCP 开始,并在其上构建数据流的大小感知。与 DCTCP 和 D²TCP 一样,发送方维护 α,当缓冲区占用率超过阈值 K,标记的包的占比 α 按如下公式在每一个 RTT 进行更新:

$$\alpha = (1-g) \times \alpha + g \times f \tag{4.5}$$

其中,f 是最后一个数据窗口中用 CE 位标记的包的占比,$0 < g < 1$ 是给新样本的权重。由于 D²TCP 将 d 作为最后期限因子,而较大的 d 意味着距离期限更近,因此将惩罚函数设计为:

$$p = \alpha^d \tag{4.6}$$

拥塞窗口 W 的大小由 p 计算,然而,如文献 [13] 所提出的,流速率控制方案应遵循微分原理,即当通信负载变重时,应增加不同层级的流速率之间的差异。D²TCP 违反了这个原理,在某些情况下工作得很糟糕 [13]。所以我们把 TAFA 中的惩罚函数设计为:

$$p = \frac{\alpha}{s} \tag{4.7}$$

其中，s 是根据流大小信息来确定的。假设 S_{max} 是截断较大 s 的上界，S_c 是流完成传输的剩余大小，我们设置：

$$s = \frac{S_{max}}{S_c} \qquad (4.8)$$

注意，作为分数，$\alpha \leqslant 1$ 且 $s \leqslant 1$，因此 $p = \frac{\alpha}{s} = \frac{\alpha \times S_c}{S_{max}} \leqslant 1$。由此，我们将拥塞窗口的大小 W 调整如下：

$$W = \begin{cases} W \times (1-p) & \text{发生拥塞} \\ W+1 & \text{没有拥塞} \end{cases} \qquad (4.9)$$

通过这个简单的算法，我们计算出 $p = \alpha \times \dfrac{S_c}{S_{max}}$ 并用它来调整拥塞窗口的大小。如果最后一个窗口中没有拥塞，则 W 将像 TCP 一样增加 1，而发生任何拥塞时，W 将减少 p 的一小部分。当所有流大小相等时，$\dfrac{S_c}{S_{max}} = 1$，严重的拥塞会导致完全的回退，类似于 TCP 和 DCTCP。

对于不同的流量大小，

$$\begin{aligned} \frac{\partial(1-p)}{\partial(s)} &= \frac{\partial(1-\alpha/s)}{\partial(s)} = \frac{\alpha}{s^2} > 0 \\ \frac{\partial^2(1-p)}{\partial(s)\partial(\alpha)} &= \frac{1}{s^2} > 0 \end{aligned} \qquad (4.10)$$

这表明 TAFA 满足文献 [13] 中的局部比例式差别，即当通信负载变重时，两个不同大小的流之间的差异将增大。

4.4.3 算法实现

我们现在介绍 TAFA 算法的框架，图 4.3 给出了 TAFA 的抽象概述。

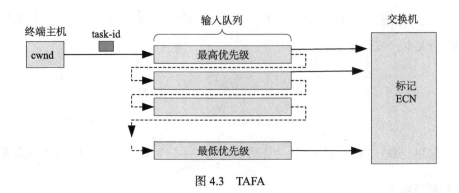

图 4.3   TAFA

对于输入任务，有几个优先级不同的队列。当新任务的流到达时，它们被标记为最高优先级，并进入第一个队列。将来自一个任务的流的长度相加，与队列 k 的阈值 Υ_k 进行比较，当总长度超过 Υ_k 时，相应的任务从优先级 k 降级到 $k+1$，此任务的后续流将直接进入队列 $k+1$。当调度从高优先级队列开始向低优先级队列进行时，利用这个累积的任务长度，TAFA 可以成功地模拟最短的任务优先调度，而不需要任何先验知识。

我们设计 TAFA 来实现这个过程，如算法 4.1 所示，其中 F_i^j 表示 Task$_i$ 的第 j 个流，$P(T)/P(F)$ 表示任务 / 流的优先级。EnQueue(P,F) 是使 F 进入队列 P 的函数。

算法 4.1   TAFA

1: Initialization
2: **while** F_i^j arrives **do**
3:     TimeStamp(F_i^j)
4:     **if** $T_i ==$ newTask **then**
5:         $P(T_i) \leftarrow 1$
6:     **end if**
7:     $P(F_i^j) \leftarrow$ CheckPriority(T_i)
8:     EnQueue($P(F_i^j)$, F_i^j)
9:     $l(F_i^j) \leftarrow$ length(F_i^j)
10:     AddLength(T_i, $l(F_i^j)$)
11:     **if** length(T_i) > Υ_k **then**
12:         Degrade(T_i)
13:     **end if**
14: **end while**
15: FlowLevelScheduling

该算法可以根据任务长度动态调整任务的优先级，使较短的任务比较长的任务提前调度，而无须事先知道任务长度。许多其他的研究都是在任务（或流）规模已知的前提下进行调度的，该假设过于理想化，而 TAFA 使这个过程更加实际。

在流级调整方面，我们设计了考虑拥塞程度和流大小的算法（算法 4.2）。

算法 4.2　流级调度

1: *Switch*:
2: **if** Congestion occurs **then**
3: 　　Tag(ECN)
4: **end if**
5: SendBackToEndhost
6: *Endhost*:
7: **if** ECN == true **then**
8: 　　$s \leftarrow \frac{S_{\max}}{S_c}$
9: 　　$\alpha \leftarrow (1 - g) \times \alpha + g \times f$
10: 　　$p \leftarrow \alpha/s$
11: 　　cwnd $\leftarrow$ cwnd $\times (1 - p)$
12: **else**
13: 　　cwnd $\leftarrow$ cwnd $+ 1$
14: **end if**
15: SendBytes(cwnd)

当发生拥塞时，交换机将标记 ECN，并在流内将此信号发送回终端主机。当终端主机接收到带有 ECN 的流时，应该调整它的拥塞窗口 cwnd。在以缩短完成时间为目标的 TAFA 中，cwnd 的大小取决于阻塞程度 α 和流大小 S_c，即当流量拥塞 α 变得严重时，所有的流都应该与 α 成正比地回退，但短流的惩罚因子 p 要小于长流的惩罚因子，这使得短流的回退程度更低，以便可以提前发送。当终端主机接收到没有 ECN 的流时，它充当一般的 TCP，只需将 cwnd 增加 1。然后，终端主机将根据这个更新的拥塞窗口大小继续发送数据包。

4.5　系统稳定性

为了证明 TAFA 的稳定状态，我们在一个简单的情况中对 TAFA 进行了分析。

假设有 N 个流具有相同的 RTT T，并且共享资源容量 C [14]。我们通过使用这个假设来捕捉 p 对 TAFA 性能的影响。

与文献 [14] 一样，我们将分析以下参数：回退惩罚 p（关于流大小 S_c 和 S_{max} 的函数）、交换机开始用 CE 标记数据包时的窗口大小 W^o、队列振幅 A，以及最大队列长度 Q_{max}（见图 4.4）。

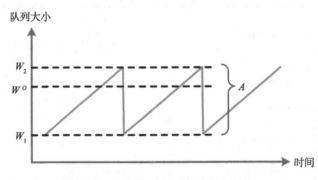

图 4.4 单个发送器的窗口大小变化

设 $X(W_1, W_2)$ 表示流在 W_1 到 W_2（$W_2 > W_1$）这段时间内所发送的包的数量。由于没有拥塞，所以窗口每个 RTT 增加 1，因此这个过程需要 $W_2 - W_1$ 个 RTT。

$$X(W_1, W_2) = \int_{t_0}^{t_1} W dt = \frac{(W_2^2 - W_1^2)}{2} \tag{4.11}$$

当交换机开始标记 CE 时，$W^o = (CT + K)/N$，其中 K 表示阈值。由于在发送方对拥塞标记做出反应之前，还需要一个 RTT，所以在此期间已发送了另一个 W^o 包。因此，在窗口从 W_1 增加到 W_2 的期间，将该 RTT 中标记包的数量除以包的总数来计算标记包的占比 α：

$$\alpha = \frac{X(W^o, W^o + 1)}{X((W^o + 1)(1 - p), W^o + 1)}$$

$$= \frac{((W^o + 1)^2 - (W^o)^2)}{(W^o + 1)^2 - ((W^o + 1)(1 - p))^2} \tag{4.12}$$

简化式（4.12）并重新排列为：

$$\alpha(2p - p^2) = \frac{(W^O + 1)^2 - (W^O)^2}{2(W^O + 1)^2} \tag{4.13}$$

当 $p = \alpha \times s \left(s = \frac{S_c}{S_{max}} \right)$ 时，假设 p 很小，我们可以重写式（4.13）如下：

$$\alpha p = \alpha^2 s \frac{(W^O + 1)^2 - (W^O)^2}{2(W^O + 1)^2} \tag{4.14}$$

解方程得到：

$$\alpha = \sqrt{\frac{(W^O + 1)^2 - (W^O)^2}{2s(W^O + 1)^2}}$$
$$p = \sqrt{\frac{(W^O + 1)^2 - (W^O)^2}{2(W^O + 1)^2}} \tag{4.15}$$

当存在 N 个流时，队列振幅 A 计算如下：

$$\begin{aligned} A &= N \times ((W^O + 1) - (W^O + 1)(1 - p)) \\ &= N(p(W^O + 1)) \\ &= N(W^O + 1)\sqrt{\frac{(W^O + 1)^2 - (W^O)^2}{2(W^O + 1)^2}} \\ &\approx NW^O\sqrt{\frac{2}{W^O + 2}} \end{aligned} \tag{4.16}$$

因此，最大队列长度为：

$$\begin{aligned} Q_{max} &= N(W^O + 1) - C \times T \\ &= N\left(\frac{CT + K}{N} + 1\right) - CT \\ &= CT + K + N - CT \\ &= N + K \end{aligned} \tag{4.17}$$

根据式（4.16），我们观察到一个重要的性质，即 TAFA 的队列振幅可以通过如下方式计算得到：

$$
\begin{aligned}
& O\!\left(NW^{o}\sqrt{\frac{2}{W^{o}+2}}\right) \\
& = O\!\left(N\frac{CT+K}{N}\sqrt{\frac{2}{W^{o}+2}}\right) \\
& = O\!\left((CT+K)\sqrt{\frac{2N}{CT+K+2N}}\right) \\
& = O(\sqrt{C\times T})
\end{aligned}
\tag{4.18}
$$

从式（4.18）可以看出，对于较小的 N 来说，队列振幅仅为 $O(\sqrt{C\times T})$，表明该系统具有稳定性。

4.6　TAFA 实验

在本节，我们使用大量的模拟实验来评估 TAFA 的性能。为了了解 TAFA 在大规模场景中的性能，我们使用工业集群中的真实数据进行跟踪模拟。首先，我们评估 TAFA 的基本性能，如 TCT、吞吐量、资源利用率、阈值向量、优先级队列的数量，以及它如何处理并发任务。其次，在此基础上，我们展示了在真实的数据中心网络运行负载下，与任务感知和流感知调度方案相比，TAFA 是如何取得效益的。

4.6.1　设置

流　我们使用在生产数据中心观察到的实际工作负载、文献 [10] 中的 Web 搜索分布和文献 [12] 中的大型数据挖掘作业。正如文献 [11] 所给出的，流的到达模式服从泊松过程。根据用于基准的经验通信分布，两个集群都是由具有重尾特征的大、小流混合而成，我们还分析了 TAFA 在这两种不同的工作流中的性能。

踪迹　通过使用文献 [15,16] 中的 Google 集群踪迹，我们展示了其中一个集群[17]

中服务器配置的差异，其中每个服务器的 CPU 和内存都经过了归一化。我们使用 12 000 个服务器集群中 900 多个用户的信息作为 TAFA 的输入，并基于这些踪迹对照其他策略评估 TAFA 的性能。

TAFA 为了概括我们的工作，我们考虑了三组实验。第一，我们测试了 TAFA 的参数性能。对于包含大量流的任务，我们将该任务中最后一个流的完成时间定义为整个任务的完成时间（TCT），并考虑来自终端主机的所有任务的平均 TCT。此外，我们发现 TAFA 的资源利用率很高，并发现降级阈值和优先级队列的数量影响流的完成时间。第二，我们将 TAFA 与任务感知策略进行了比较。如前所述，流量完成时间严重影响 TCT。利用流级信息，我们可以更恰当地调度流，从而在每个任务中使得最后的流能够提前完成，即减少 TCT。第三，我们将 TAFA 与流感知策略进行了比较，证明 TAFA 可以显著缩短流响应时间（FRT）。

4.6.2 TAFA 的整体性能

为了评估 TAFA 是否适应真实场景，我们配置了模拟典型 DCN 场景的环境。前端由三个客户机组成，每个客户机持续发送任务，并通过一个受到维护的独立标记来标记这些任务的流。每个任务都被初始化为最高优先级，当大小达到阈值时会逐渐降级。这个小集群是按照文献 [15] 中的比例配置的。CPU 和内存单元被归一化到最大服务器。6 种配置率分别为：(0.50, 0.50)、(0.50, 0.25)、(0.50, 0.75)、(1.00, 1.00)、(0.25, 0.25)、(0.50, 0.12)。

阈值 我们首先评估交换机中阈值变化的影响。由于交换机中有多个优先级队列，任务可能会根据已发送的字节数从一个高优先级队列降级至一个低优先级队列。而降级取决于队列阈值。正如 4.4 节所述，我们不在所有队列中使用全局阈值。我们给出了 Υ（由 $\Upsilon_1, \Upsilon_2, \cdots, \Upsilon_{\tau-1}$ 组成）的向量，其中 τ 是优先级队列的数目，Υ_i 是优先级队列 i 的阈值。为了测试不同值的性能，我们考虑在交换机中有三个不同队列的情况，将 Υ_1 和 Υ_2 分别设置为最大任务大小的平均值和四分之三。作为对比实验，我们将两个阈值设置为相同（任务大小的平均值）。图 4.5 显示了在具有不同请求数量

（20、50 和 100）的模拟中，三个不同的实验结果。从该图我们可以发现，向量阈值明显优于固定阈值，而且任务越多，优势越大。

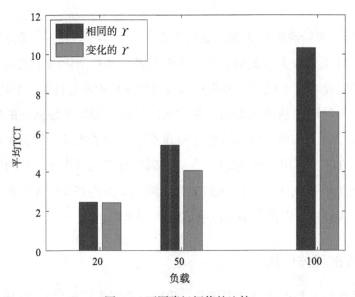

图 4.5　不同降级阈值的比较

队列　无论是顺序访问还是聚合访问，流的顺序都会影响最终的完成结果，因为只有当所有的流都返回时，才能形成最终的结果。因此，当前一个流很大，并且阻塞了后一个流的进程时，多队列可以处理这个场景。优先级队列的数量将影响优化的程度。我们使用不同数量（2、3、4、8）的优先级队列，将客户机的请求分别设置为 20、40、60、80 和 100。图 4.6 给出了结果，从中我们可以得出结论：多队列可以在一定程度上优化 TCT，但是随着队列数量的增加，这种优势变得不那么明显。因此，对于特定的 DCN，队列的数量并不是越多越好，而是应该考虑添加额外队列的开销来设置适当的数量。

公平　为了测试 TAFA 在所有终端主机之间的公平性，我们通过过滤源地址来提取三个指定终端主机的所有流。在每个时间段内，我们将分配给用户的应用资源相加，计算出资源分配的比例（如图 4.7 所示）。图 4.8 为 CPU 的共享速率，图 4.9

为链路速率，三个终端主机的平均速率约为 33%，分布稳定。

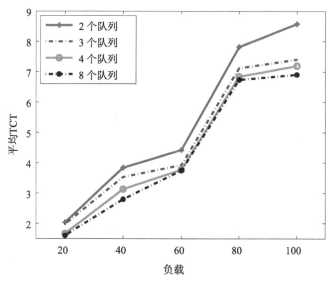

图 4.6　不同队列数量的 TCT 比较

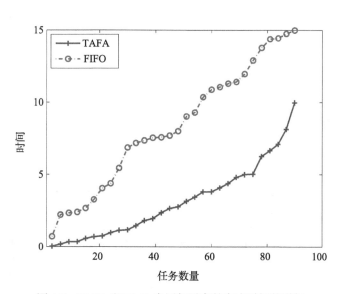

图 4.7　TAFA 和 FIFO 中尾部丢弃的完成时间的增加

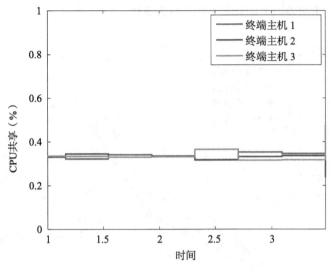

图 4.8 三个终端主机之间的 CPU 共享

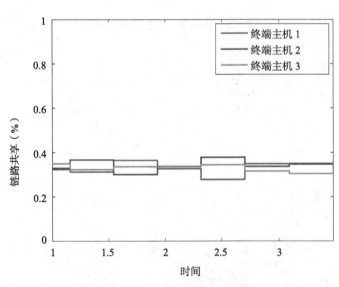

图 4.9 三个终端主机之间的链路共享

4.6.3 TAFA 与任务感知

我们将 TAFA 的性能与 FIFO 进行了比较，FIFO 用于文献 [8] 中的任务感知调度。

图 4.7 显示了 3 个客户机、100 个任务、1 ～ 100KB 任务大小的实验结果。在这种情况下，与 FIFO 相比，TAFA 将任务的完成时间减少了约 34%。

为了概括这种情况，我们通过增加并发请求的数量来测试 TAFA 的性能，从每个客户机 10 个任务增加到 50 个任务，并且证明了 TAFA 能够保持大规模的并发。图 4.10 给出了平均任务完成时间的比较结果。

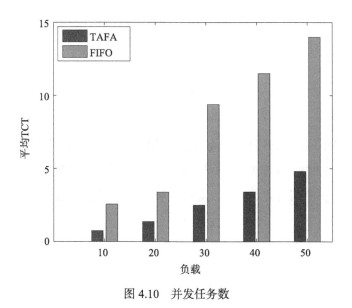

图 4.10　并发任务数

TAFA 优于任务感知方案的原因在于流信息的确认。由于任务完成时间取决于任务的最后一个流，因此提前调度流必定会减少 TCT。流级调度算法使 TAFA 具有流感知能力，使 TAFA 与所有只感知任务的策略相比能显著缩短任务完成时间。

4.6.4　TAFA 与流感知

在本节，我们使用流感知方案评估 TAFA。在实验中，我们考虑了文献 [15,16] 中的 Google 踪迹文件。结合文献 [8] 中的实验，我们比较了 TAFA 与 D^2TCP 的性能。图 4.11 显示了任务大小从 1KB 到 100KB、100 个请求的实验结果。显然，TAFA 完成这些任务所需的时间较短，与 D^2TCP 相比，将完成时间减少了约 36%。

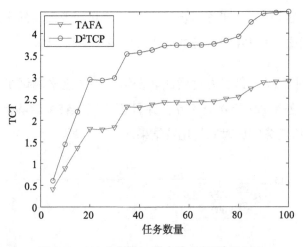

图 4.11　100 个任务，大小从 1KB 到 100KB

此外，我们还可以观察到长任务模拟的更多收获。我们绘制了每个终端主机的任务最短为 10MB 时的 TCT 实验结果，图 4.12 中的结果表明，TAFA 的平均 TCT 比 D^2TCP 的低 45%。简而言之，TAFA 对这两种工作负载都很有效。

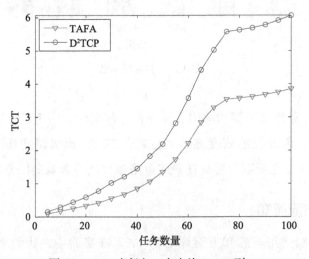

图 4.12　100 个任务，大小从 10MB 到 ∞

TAFA 对于任务完成的 CDF（累积分布函数）也取得了很好的性能，如图 4.13

所示。TAFA 可以在 4 个单位时间左右完成所有任务的调度，而 D^2TCP 需要 6 个单位时间以上。

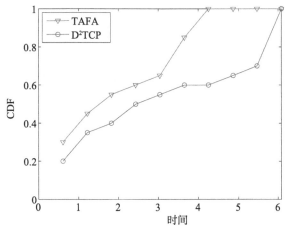

图 4.13 任务完成时间的平均 CDF

为了测试 TAFA 的可扩展性，我们增加了请求数，并用 500 个任务模拟了这种情况，图 4.14 ～图 4.16 分别显示了短任务、长任务和平均 CDF 的任务完成时间。从这些图中，我们可以得出结论：TAFA 可以适应大规模环境。

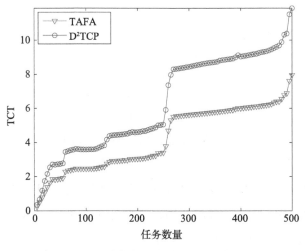

图 4.14 500 个任务，大小从 1KB 到 100KB

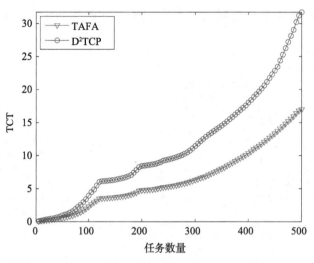

图 4.15　500 个任务，大小从 10 MB 到 ∞

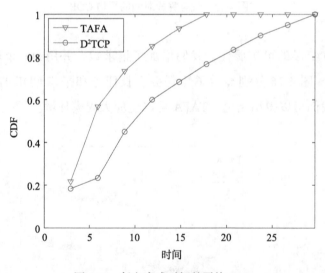

图 4.16　任务完成时间的平均 CDF

TAFA 之所以能取得比 D²TCP 更好的效果，是因为 TAFA 在调整拥塞窗口时考虑了流大小。当拥塞发生时，短流的回退程度比长流的回退程度小，使得短流得到提前调度，从而减少了平均任务完成时间。

4.7　总结

在本章，我们研究了数据中心网络（DCN）中的调度问题，其中现有的协议要么是任务感知的，要么是流感知的。

为了优化任务完成时间（TCT），我们提出了任务和流协同感知的 TAFA。由于任务包含大量流，完成时间取决于最后一个流的完成时间，因此良好的流级调度有助于任务级优化。在 TAFA 的任务级，我们采用启发式降级算法，在没有先验知识的情况下，着重对大任务的优先级进行降级，使 TAFA 具有先获得短任务的优势，这是在一条链路中减少平均完成时间的最有效方法。此外，我们设置了不同优先级队列的阈值向量，而不是固定的阈值，使得从高优先级队列降级到低优先级队列的过程更加合理。在 TAFA 的流级别中，我们以一种感知数据流大小的方式调整拥塞窗口，从而使长流比短流更积极地回退。对于速率控制问题，我们考虑了流大小，并通过根据流大小和最后一次 RTT 中标记包的占比计算出的估计值来调整拥塞窗口。此方案可以帮助较短的流比较长的流更容易返回。通过提前调度较短的流，从而缩短任务完成时间。

我们使用真实踪迹驱动的数据进行大规模模拟，结果显示，与传统的任务感知策略或流感知策略相比，TAFA 可以显著缩短任务的平均完成时间。

参考文献

1. Nagaraj, K., Bharadia, D., Mao, H., Chinchali, S., Alizadeh, M., Katti, S.: Numfabric: fast and flexible bandwidth allocation in datacenters. In: ACM SIGCOMM, pp. 188–201 (2016)
2. Zhang, H., Zhang, J., Bai, W., Chen, K., Chowdhury, M.: Resilient datacenter load balancing in the wild. In: ACM SIGCOMM, pp. 253–266 (2017)
3. Cho, I., Jang, K.H., Han, D.: Credit-scheduled delay-bounded congestion control for datacenters. In: ACM SIGCOMM, pp. 239–252 (2017)
4. Mittal, R., Lam, V.T., Dukkipati, N., Blem, E., Wassel, H., Ghobadi, M., Vahdat, A., Wang, Y., Wetherall, D., Zats, D.: TIMELY: RTT-based congestion control for the datacenter. In: ACM SIGCOMM, pp. 537–550 (2015)
5. Zhu, Y., Eran, H., Firestone, D., Guo, C., Lipshteyn, M., Liron, Y., Padhye, J., Raindel, S., Yahia, M.H., Zhang, M.: Congestion control for large-scale RDMA deployments. ACM SIGCOMM 45(5), 523–536 (2015)

6. Alizadeh, M., Edsall, T., Dharmapurikar, S., Vaidyanathan, R., Chu, K., Fingerhut, A., Lam, V.T., Matus, F., Pan, R., Yadav, N.: CONGA: distributed congestion-aware load balancing for datacenters. In: ACM SIGCOMM, pp. 503–514 (2014)

7. Grandl, R., Ananthanarayanan, G., Kandula, S., Rao, S., Akella, A.: Multi-resource packing for cluster schedulers. In: Proceedings of the 2014 ACM conference on SIGCOMM, pp. 455–466. ACM (2014)

8. Dogar, F.R., Karagiannis, T., Ballani, H., Rowstron, A.: Decentralized task-aware scheduling for data center networks. ACM SIGCOMM Comput. Commun. Rev. 44(4), 431–442 (2014)

9. Bai, W., Chen, L., Chen, K., Han, D., Tian, C., Sun, W.: Pias: practical information-agnostic flow scheduling for data center networks. In: Proceedings of the 13th ACM workshop on hot topics in networks, p. 25. ACM (2014)

10. Alizadeh, M., Greenberg, A., Maltz, D.A., Padhye, J., Patel, P., Prabhakar, B., Sengupta, S., Sridharan, M.: Data center TCP (DCTCP). ACM SIGCOMM Comput. Commun. Rev. 41(4), 63–74 (2011)

11. Alizadeh, M., Yang, S., Sharif, M., Katti, S., McKeown, N., Prabhakar, B., Shenker, S.: pfabric: minimal near-optimal datacenter transport. ACM SIGCOMM Comput. Commun. Rev. 43(4), 435–446 (2013). ACM

12. Greenberg, A., Hamilton, J.R., Jain, N., Kandula, S., Kim, C., Lahiri, P., Maltz, D.A., Patel, P., Sengupta, S.: Vl2: a scalable and flexible data center network. ACM SIGCOMM Comput. Commun. Rev. 39(4), 51–62 (2009). ACM

13. Zhang, H.: More load, more differentiation – a design principle for deadline-aware flow control in DCNs. In: INFOCOM, 2014 Proceedings IEEE. IEEE (2014)

14. Obermuller, N., Bernstein, P., Velazquez, H., Reilly, R., Moser, D., Ellison, D.H., Bachmann, S.: Expression of the thiazide-sensitive Na-Cl cotransporter in rat and human kidney. Am. J. Physiol.-Renal Physiol. 269(6), F900–F910 (1995)

15. Reiss, C., Tumanov, A., Ganger, G.R., Katz, R.H., Kozuch, M.A.: Heterogeneity and dynamicity of clouds at scale: Google trace analysis. In: Proceedings of the Third ACM Symposium on Cloud Computing, p. 7. ACM (2012)

16. Reiss, C., Wilkes, J., Hellerstein, J.L.: Google cluster-usage traces. http://code.google.com/p/googleclusterdata/

17. Wang, W., Li, B., Liang, B.: Dominant resource fairness in cloud computing systems with heterogeneous servers. arXiv preprint arXiv:1308.0083 (2013)

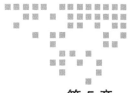

数据中心后端服务器中容器通信的优化

摘要 容器化具有轻量级、可扩展和高度可移植的特性，这使得许多应用程序使用容器化来实现隔离的目的。但是，将容器化应用于大规模数据中心面临着巨大的挑战。数据中心中的服务总是被实例化为一组容器，这通常会产生大量的通信负载，从而导致通信效率低下并且降低服务性能。尽管将相同服务的容器分配给同一服务器的做法可以减少通信开销，但由于相同服务的容器通常都需要密集地使用同一种资源，因此可能会引起资源利用率严重失衡。

为了在大型数据中心降低通信成本并平衡资源利用率，我们进一步研究了实际生产环境中的容器分配问题，发现上述冲突存在于两个阶段，即容器放置阶段和容器重分配阶段。本章的目的是解决这两个阶段中的容器分配问题。对于容器放置问题，我们提出了一种有效的通信感知的最差拟合递减（Communication Aware Worst Fit Decreasing，CA-WFD）算法，负责将一组新容器放入数据中心。而对于容器重分配问题，我们提出了一种称为 Sweep & Search 的两阶段算法，该算法通过在服务器之间迁移容器优化容器的初始放置方案。我们在百度的数据中心实施了上述算法，并进行了广泛的评估。评估结果表明，我们算法的性能比前沿策略的性能高出 70%，同时将整体服务吞吐量提高了 90%。

5.1 基于容器组的架构

容器化在部署应用与服务时具有便捷和性能良好的优点，因此容器化技术广受欢迎。首先，容器通过命名空间技术（例如 chroot[1]）可以提供良好的隔离，从而避免自身与其他容器的冲突。其次，容器将所有内容（代码、运行时、系统工具、系统库）都放在一个包中，并且不需要任何外部依赖就能运行进程 [2]，这使得容器高度可移植并且易于快速分发。

为了确保服务的完整，特定应用的某个功能被实例化为多个容器。例如，在 Hadoop 中，每个 mapper 或者 reducer 应被实例化为一个容器，而 Web 服务中的各层（例如负载均衡器、Web 搜索、后端数据库）也应部署为容器组。这些容器组部署在云或数据中心，由诸如 Kubernetes[3] 和 Mesos[4] 之类的协调器进行管理。通过使用命名服务，这些协调器可以快速将容器放置在不同的服务器上，因此可以很好地处理应用升级和故障恢复。由于容器易于构建、替换或删除，因此在这种架构中能够方便地维护基于容器组的应用。

但是，基于容器组的架构也会产生诸如通信效率低的问题。由于部署在同一容器组中的功能属于同一服务，因此它们之间需要交换控制消息和传输数据。由此，容器组内的通信效率极大地影响了整体服务性能 [5]。然而，简单的合并策略可能会导致多种资源的利用率不均衡，因为同一组的容器通常需要密集地使用同一种资源。上述协调器提供了利用容器的可能性，但是如何管理容器组从而在减少通信开销的同时平衡资源利用率仍然是一个悬而未决的问题。

5.2 问题定义

在本节，我们通过分析给定约束条件下的总开销来考虑上述权衡。令 H 为数据中心中的服务器集，其中每个服务器都有多种类型的资源。令 R 为资源类型的集合。对于每个服务器 $h \in H$，$P(h, r)$ 表示资源 r 的容量，$r \in R$。令 S 为服务集，每个服务都构建在一组容器中。每个容器可以具有多个副本。对于特定的容器 c，令 D_c^r 表

示其对资源 $r(r \in \boldsymbol{R})$ 的资源需求。令 $\boldsymbol{C}$ 表示待放置的一组容器。

5.2.1　优化目标

根据 5.1 节的内容可知，量化任何分配状态的总开销时需要考虑两个方面，即通信开销和资源利用率（我们同时考虑使用中的资源和剩余资源）。

5.2.1.1　通信开销

现在，我们可以将总体通信成本按以下方式计算。对于每个容器 $c \in \boldsymbol{C}$，令 $H(c)$ 表示分配给容器 c 的服务器。对于一对容器 c_i 和 c_j，令 $f(c_i, c_j)$ 表示这两个容器产生的通信开销。由于通信开销主要存在于主机网络中，因此，如果将 c_i 和 c_j 放在同一台服务器上，即 $H(c_i) = H(c_j)$，则通信成本可以忽略不计，即 $f(c_i, c_j) = 0$。数据中心的总通信开销为所有可能的容器对产生的通信开销之和，具体由式（5.1）计算得到。

$$C_{\text{cost}} = \sum_{\forall c_i, c_j \in \boldsymbol{C}, c_i \neq c_j} f(H(c_i), H(c_j)) \tag{5.1}$$

接下来的两个指标衡量服务器的资源利用率，即资源利用率开销和剩余资源均衡开销。

5.2.1.2　资源利用率开销

如果某个服务器的资源利用率比其他服务器高得多，则该服务器将很容易成为服务的瓶颈，从而严重降低整体性能。最理想的情况是所有服务器均具有相同的资源利用率。对于每种资源类型 $r \in \boldsymbol{R}$，r 的资源利用率开销定义为所有服务器中资源 r 的利用率方差，即

$$\sum_{h \in H} \frac{(U(h, r) - \bar{U}(r))^2}{|\boldsymbol{H}|} \tag{5.2}$$

其中，$U(h, r)$ 表示服务器 h 上资源 r 的利用率，$\bar{U}(r)$ 是所有服务器上资源 r 的平均

利用率，$|H|$ 是服务器的数量。这一度量可以反映服务器之间是否能以均衡的方式使用资源 r。数据中心的总资源利用率开销是所有资源类型的资源利用率开销之和，由如下公式得出：

$$U_{\text{cost}} = \sum_{r \in R} \sum_{h \in H} \frac{(U(h,r) - \bar{U}(r))^2}{|H|} \quad (5.3)$$

5.2.1.3 剩余资源均衡开销

由于资源之间具有依赖性，例如，服务器上剩余的 CPU 资源量在没有任何可用 RAM 的情况下便也无法再分配给接下来的其他请求，因此应该在多种资源的剩余量之间进行平衡 [6]。对于两种不同的资源 r_i 和 r_j，$t(r_i, r_j)$ 表示资源 r_i 和资源 r_j 之间的目标比例。由 r_i 和 r_j 产生的剩余资源均衡开销定义为：

$$\text{cost}(r_i, r_j) = \sum_{h \in H} \max\{0, A(h, r_i) - A(h, r_j) \times t(r_i, r_j)\} \quad (5.4)$$

其中，$A(h, r)$ 表示服务器 h 上的资源 r 的剩余可用量。剩余资源均衡开销的度量可以反映出不同资源是否按照指定的目标比例分配给请求。数据中心的总剩余资源均衡开销是所有可能的资源类型对的剩余资源均衡开销之和，由如下公式得出：

$$B_{\text{cost}} = \sum_{\forall r_i, r_j \in R,\, r_i \neq r_j} \text{cost}(r_i, r_j) \quad (5.5)$$

基于以上定义，我们可以通过总资源利用率开销和总剩余资源均衡开销之和来衡量服务器的整体资源利用情况。从定义中不难发现，较小的开销表示服务器之间的资源利用率更加均衡。

多目标优化的常用方法是将多个目标转换为单个标量 [7]，我们在本章中就采用了这种方法进行多目标的优化，同时需要最小化的目标函数为上述所有开销的加权总和，即

$$\text{Cost} = w_U \times U_{\text{cost}} + w_B \times B_{\text{cost}} + w_C \times C_{\text{cost}} \qquad (5.6)$$

5.2.2　约束

为了最小化以上开销，应将容器放置到或重分配给最合适的服务器，但是放置或重分配的过程应满足一些严格的约束条件。

（a）容量约束：对于每个服务器上的每种资源，容器占用的该种资源量不能超过该种资源在该服务器上的总容量，即

$$\sum_{c \in C, H(c)=h} D_c^r \leqslant P(h, r), \forall h \in \boldsymbol{H}, \forall r \in \boldsymbol{R} \qquad (5.7)$$

（b）冲突约束：如前所述，每个容器可能具有多个副本以进行并行处理，通常同一容器的副本不能放在同一服务器上。令 $\Gamma(c,c')$ 表示 c 和 c' 是否是同一容器的副本，$\Gamma(c,c')=1$ 表示是，$\Gamma(c,c')=0$ 表示否。则冲突约束可以表示为：

$$\Gamma(c,c')=1 \Rightarrow H(c) \neq H(c'), \forall c, c' \in \boldsymbol{C}, c \neq c' \qquad (5.8)$$

（c）遍布约束：为了支持并发操作，高性能应用的特定功能通常会实现在多个容器上。例如，人们通常在不同的服务器甚至不同的数据中心中实例化 Web 服务中的基本搜索功能。由于这些容器对同一资源敏感，因此无法将它们放在同一服务器上，否则将严重浪费其他资源，例如内存和 I/O 资源。所以，对于每个服务 $S_i \in \boldsymbol{S}$，令 $M(S_i) \in \boldsymbol{N}$ 表示应将服务 S_i 的至少一个容器运行在至少多少台不同的服务器上，我们可以为每个服务定义以下遍布约束：

$$\sum_{h_i \in H} \min(1, |c \in S_i \in \boldsymbol{S} | H(c)=h_i|) \geqslant M(S_i), \forall S_i \in \boldsymbol{S}| \qquad (5.9)$$

（d）共置约束：某些服务对容器之间的数据传输延迟有严格的要求。为了满足延迟要求，应该将具有关键频繁交互的容器分配给同一台服务器。令 $\Lambda(c,c')$ 表示 c 和

c' 是否应位于同一服务器上，$\Lambda(c,c')=1$ 表示是，$\Lambda(c,c')=0$ 表示否。则共置约束可以表示为：

$$\Lambda(c,c')=1 \Rightarrow H(c)=H(c'), \forall c,c' \in \boldsymbol{C}, c \neq c' \tag{5.10}$$

（e）暂态约束：容器重分配问题假定已知容器的初始放置状态，并尝试通过在服务器之间迁移容器来进一步优化初始放置方案。对于每个容器 $c \in \boldsymbol{C}$，令 $H(c)$ 表示初始分配给容器 c 的服务器，$H(c')$ 表示最新分配给容器 c 的服务器（迁移后）。为了保证服务的可用性，对于任何迁移中的容器，其在新服务器上创建新实例之前无法在原始服务器上被销毁。因此，在容器迁移期间，原始服务器 $H(c)$ 和新服务器 $H(c')$ 都消耗了资源。则这个约束可以表示为：

$$\sum_{c \in \boldsymbol{C}, H(c)=h \bigcup H'(c)=h} D_c^r \leqslant P(h,r), \forall h \in \boldsymbol{H}, \forall r \in \boldsymbol{R} \tag{5.11}$$

基于以上讨论，我们正式定义本章要解决的问题：

❑ **容器放置问题**（CPP） 给定一组新容器，找到容器的最佳放置方案，使得式（5.6）定义的总开销最小，同时不违反约束（5.7）～约束（5.10）。

❑ **容器重分配问题**（CRP） 给定容器的初始放置方案，找到最佳的新的容器放置方案，从而最小化式（5.6）定义的总开销，同时不违反约束（5.7）～约束（5.11）。

5.3 容器放置问题

在本节，我们首先证明 CPP 是 NP 难的，然后提出一种称为 CA-WFD 的启发式算法来找到 CPP 的近似最优解决方案。

5.3.1 问题分析

为了证明 CPP 是 NP 难的，我们首先考虑 MRGAP[8]。给定 m 个代理 {A=1,

2, ···, m}、n 个任务 {T=1, 2, ···, n}，以及 l 种资源 {R=1, 2, ···, l}，每个代理 i 具有 $cap_{i,r}$ 单位的资源 r，每个任务 j 需要 $req_{j,r}$ 单位的资源 r。将任务 j 分配给代理 i 引入的开销为 $cost_{i,j}$。MRGAP 在尝试将每个任务恰当地分配给一个代理时的目标是最大限度地减小开销，同时确保不违反资源约束，即

$$\min \sum_{i \in T} cost_{i, A(i)}$$
$$\text{s.t.} \sum_{j \in A, i \in T(j)} req_{i, j, r} \leqslant cap_{j, r}, \forall r \in R \qquad (5.12)$$

其中，$A(i)$ 表示任务 i 被分配给的代理，$T(j)$ 表示代理 j 上的一组任务。

MRGAP 是公认的典型 NP 难问题[9]。我们发现 MRGAP 本质上是 CPP 的简化版本。假设我们仅考虑容量约束，将服务 S 部署到一些空的服务器上（即不考虑约束（5.8）～约束（5.10））。由于在部署服务 S 之前的总开销是 0（注意，服务器初始为空），因此我们可以将最终的开销定义为 $\sum_{c \in C_S} \Delta Cost_c$，其中 C_S 表示服务 S 的一组容器，$\Delta Cost_c$ 表示因放置容器 c 而引入的式（5.6）的开销增量。简化 CPP（Simplified CPP，SCPP）可以表示如下：

$$\min \sum_{c \in C_S} \Delta Cost_c$$
$$\text{s.t.} \sum_{c \in C_S, H(c)=h} D_c^r \leqslant P(h, r), \quad \forall h \in \boldsymbol{H}, \quad \forall r \in \boldsymbol{R} \qquad (5.13)$$

由式（5.12）和式（5.13）可知，如果我们将代理视为服务器，将任务视为容器，则容易看出 MRGAP 等同于 SCPP。也就是说，MRGAP 是 CPP 的一种特例，因此推导出 CPP 是 NP 难的。

虽然 MRGAP 是 CPP 的一种特例，但它们两者之间却存在着关键的不同之处，这使得现有的 MRGAP 的解决策略不适用于 CPP。首先，CPP 中存在更多的约束，因此在 MRGAP 中可行的方法在 CPP 中并不可行。其次，不同于 MRGAP，CPP 中的分配开销（即由分配导致的增量开销）取决于分配的顺序，甚至可能是负值（合理

放置容器能够提高资源利用率而不增加通信开销，因此能降低总开销）。

5.3.2 CA-WFD 算法

由于大规模数据中心通常具有数千个容器和服务器，因此，在 CPP 中使用寻找最优分配策略的方法具有较高的计算复杂度，是不切实际的。在本节，我们提出了一种由 WFD[10] 策略扩展而来的启发式算法来得到 CPP 的近似最优解。

WFD 的基本思想是按物品的大小对物品进行降序排序，并将每个物品分配给拥有最大剩余容量的箱子。由于 WFD 倾向于把物品分散地分布到众多箱子中，因此被广泛用于负载均衡[11]。然而，我们在将 WFD 应用到 CPP 时遇到了一些挑战。首先，要考虑如何衡量容器的大小和服务器容量的大小。针对此问题的一种常见做法是将多维资源向量转换为一个标量，而标量的不同设计方式将导致不同的性能[12]，因此，我们需要在 CPP 中精心地压缩资源向量。此外，WFD 通常被用于均衡资源利用率，因此我们需要将 WFD 扩展到 CPP，使得能够同时考虑资源负载均衡和降低通信开销。

为了衡量容器的大小，我们定义了容器的主导需求（dominant requirement），即容器对不同资源的最大需求，表示为 $\max_{r \in R} D_c^r$。我们使用剩余资源的加权和来衡量一台服务器的可用容量，定义为 $\sum_{r \in R} w_r \times A(h, r)$，其中 w_r 指资源 r 的权重。事实上，我们从之前的研究[12]中得到了启发，并且根据实际环境提出并测试了多种设计方案，最终选择了这两个指标。

为了不只是使用 WFD 简单地选择剩余资源最多的服务器，而是对 WFD 进行扩展然后应用到 CPP 中，我们分两步为新容器选择服务器。第一步，将负载均衡作为重点，选择拥有最多可用资源的 d 台候选服务器。第二步，减少通信开销，如果某台服务器拥有最多与新容器属于同一个服务的容器，则最终选择该服务器来放置新容器。

我们提出了如算法 5.1 所示的 CA-WFD 算法。算法的第 3 行将容器按照大小（根据前面提到的主导需求测量）进行排序。然后，算法不断地将最大的容器分配到服务器，直到所有的容器被分配完（第 4 ～ 10 行）。每次算法都会选择剩余容量（由多种剩余资源的加权和来衡量）最多的前 d 台服务器，然后从中选择拥有最多与容器 c 属于同一服务的容器的服务器，从而最小化 C_{cost} 的增量。

算法 5.1 CA-WFD

1: $C \leftarrow$ the set of new containers to be placed
2: $H \leftarrow$ the set of servers
3: Sort containers in C according to their sizes
4: **while** $C \neq \emptyset$ **do**
5:     Pick the container $c \in C$ with the largest size
6:     Pick d servers H_d with the largest available capacity that can accommodate c without violating any constraint
7:     Pick the server $h \in H_d$ that accommodates the most containers that belongs to the same service with c
8:     Assign c to h
9:     $C \leftarrow C \backslash \{c\}$
10: **end while**

5.4 容器重分配问题

CRP 的目标是通过在服务器之间迁移容器来优化已有的容器初始放置方案。如前所述，迁移的过程需要始终满足所有约束，从而为在线服务提供保障。由于容器已经被初步放置到服务器上，因此在迁移容器时服务器上的可用剩余资源容量有限，使得 CRP 的解决具有挑战性。经典的启发式算法曾被用来解决类似的问题[13-15]，但是，由于需要考虑 CRP 的暂态约束，现有的方法在处理热主机上的大容器时效率较低。

5.4.1 问题分析

图 5.1 展示了 CRP 中的其他约束和挑战，为简单起见，这里使用了单一资源和同构的服务器。在例子中，6 个容器被放置在 3 台服务器上。图 5.1a 展示了初始放置状态，3 个容器（C_{A1}、C_{B1} 和 C_{C1}）被放置在服务器 1 上，它们的资源需求分别是 20%、20% 和 30%。两个容器（C_{A2} 和 C_{B2}）被放置在服务器 2 上，它们的资源需求均为 50%。容器 C_{C2} 被放置在服务器 3 上，它的资源需求为 40%。假设每台服务器

的容量均为100%。我们很容易想到图5.1c的最佳放置方案，即每台服务器拥有两个容器且总资源利用率为70%。又如图5.1b所示，通过同时迁移容器的方式无法从初始放置状态得到最佳放置方案。这是因为，我们需要将C_{C1}从服务器1迁移到服务器3，然后将C_{B2}从服务器2迁移到服务器1，来得到最佳的放置方案，但是，我们无法将C_{B2}从服务器2迁移到服务器1，因为这样做会使得服务器1违反暂态约束（如果C_{B2}被迁移到服务器1，则服务器1的资源消耗总和将会超过其容量）。

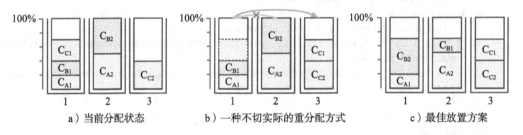

a）当前分配状态　　　　b）一种不切实际的重分配方式　　　　c）最佳放置方案

图5.1　共有3个服务，每个服务拥有两个容器

对于以上例子，如果我们首先将C_{C1}从服务器1迁移到服务器3，然后假设迁移之后服务器1上的暂态资源被释放，则将C_{B2}从服务器2迁移到服务器1的过程不会违反任何约束。我们从这一设想中获得灵感并提出了名为Sweep&Search的两阶段容器重分配算法，来解决CRP。

5.4.2　Sweep&Search算法

Sweep&Search算法分为Sweep和Search两个阶段。其中，Sweep阶段尝试处理热服务器上的大容器，也就是试图将大容器迁移到预期的位置。然后，Search阶段基于Sweep阶段产生的放置方案，采用定制的变邻域局部搜索算法来进一步优化容器的放置。

需要注意的是，Sweep&Search算法仅用于计算迁移方案，也就是决定每个容器应迁移到哪台服务器，因此，算法说明中的所有放置变化（例如shift、swap、replace）都是假设的。当整个迁移方案确定后，容器才按照以下步骤实际迁移到它们的目标服务器：首先，每个容器都在其目标服务器上构建一个新的副本；然后，容器的旧副本所对应的负载将被重定向到新副本；最后，容器的旧副本被实际删除。Sweep&Search 算法在计算迁移方案时考虑了暂态资源约束，因此，在迁移的整个过程中，需要同时满足源服务器和目标服务器上的资源约束。

5.4.2.1 Sweep

回顾我们的优化目标，其中之一是均衡服务器间的资源利用率。传统负载均衡的做法通常直接将负载从高资源利用率的主机迁移到低资源利用率的主机。然而，从图 5.1 中可知，大型容器由于暂态约束而难以迁移。为了解决这个问题，我们在Sweep 阶段提出了一个包含两步的新方法。第一步，尝试将空闲服务器上的容器迁移到其他服务器，从而尽可能地清空空闲服务器，这样可以腾出更多的空间来容纳更多的来自热服务器上的大型容器。第二步，将热服务器上的大型容器迁移到空闲服务器，从而使得服务器间的资源利用率更加均衡。

Sweep 算法的伪代码如算法 5.2 所示。算法首先选出热服务器的集合（热服务器是资源利用率高于预定义安全阈值的服务器）。假设热服务器的数量为 N，则算法尝试清空 N 台空闲服务器（即资源利用率最低的 N 台服务器）。在清空空闲服务器时，算法尽可能多地将空闲服务器上的容器迁移到其他服务器上（第 5 ~ 8 行）。对于特定的容器 c，FindHost 过程返回一个可容纳容器 c 的常规服务器（既不是空闲服务器也不是热服务器的服务器）。然后，已经被迁出的容器释放出原空闲服务器上持有的资源。最后，算法尝试将容器从热服务器迁移到空闲服务器，从而均衡资源利用率（第 9 ~ 15行）。具体来说，算法会遍历每一个热服务器，尽可能不断地将每个热服务器上的容器迁移到空闲服务器上，直到每个热服务器的资源利用率低于所有服务器的均值。

算法 5.2　Sweep

1: Sort $\boldsymbol{H}$ in descending order according to the residual capacity
2: $\boldsymbol{H}_{\text{hot}} \leftarrow \{h|U(h) > \text{safety threshold}\}$
3: $N \leftarrow$ the size of $\boldsymbol{H}_{\text{hot}}$

4: H_{spare} ← top N spare servers
5: **for** each container c on $h \in H_{\text{spare}}$ **do**
6:      $h' \leftarrow$ FindHost (c)
7:      Migrate c from h to h'
8: **end for**
9: **for** each $h \in H_{\text{hot}}$ **do**
10:     **while** $U(h) > \bar{U}(h)$ **do**
11:         pick a container c on h
12:         pick a spare server $h' \in H_{\text{spare}}$ that can accommodate c without violating any constraint
13:         Migrate c from h to h'
14:     **end while**
15: **end for**

5.4.2.2 Search

Sweep 阶段主要关注均衡服务器间的资源利用率。然而，在 Sweep 阶段之后，通信开销仍然很高。Search 阶段将会使用局部搜索算法进一步优化在 Sweep 阶段得到的放置方案。局部搜索算法通过使用 shift、swap、replace 这三种基本的动作来增量地调整放置方案。

shift 动作就是将容器从一台服务器转移到另一台服务器上（图 5.2a），从而实现重分配，这是最简单的能够直接降低总开销的邻域元素搜索动作。例如，将一个容器从热服务器重分配到空闲服务器将降低 U_{cost} 的值；而将一个 CPU 密集型容器从一台剩余较少 CPU 资源的服务器迁出之后可以降低 B_{cost} 的值；将一个容器放置在更靠近其他容器组成员的位置上能够降低 C_{cost} 的值。

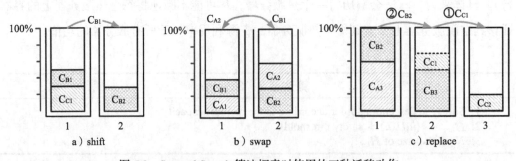

图 5.2 Sweep&Search 算法探索时使用的三种迁移动作

swap 动作就是将分别处于两台服务器上的两个容器相互交换分配位置（图 5.2b）。显然，swap 邻域的大小为 $O(n^2)$，其中 n 为容器的数目。为了限制分支数，我们对那些明显违反了约束条件且使得总开销增大的相邻元素进行剪枝。

replace 动作比 shift 动作和 swap 动作更复杂，它将容器从一台服务器（源服务器）迁移到另一台服务器（中继服务器），同时将中继服务器上的僵尸容器迁移到另一台服务器（目标服务器）（图 5.2c）。僵尸容器是此前的 Search 阶段中计划迁移到当前服务器但实际迁移操作尚未执行的容器。我们在图中用虚线表示容器。由于僵尸容器尚未执行迁移，因此我们将其重分配到其他服务器不会引入额外的开销。

显然 replace 动作比 shift 动作和 swap 动作更加强大，但其开销也相应地更大。这是因为僵尸容器具有更多的潜在迁移选择而且 replace 动作需要探索所有可能的分支。所幸可以对这部分开销进行限制。Search 算法的每一次迭代将接受一次 shift 动作和一次 swap 动作，这将会产生 3 个僵尸容器。因此，下一个 replace 动作将有 3 种可能的情况。在每一种分支中，我们尝试将僵尸容器从已分配的位置上迁出，这是又一次额外的 shift 动作。因此，在第 i 轮迭代中，将会拥有 $3i$ 个僵尸容器。我们假设探索一个 shift 邻域元素的开销是 o_s，则 Sweep&Search 算法的总开销与 o_s 呈线性关系。

局部搜索算法如算法 5.3 所描述。算法不断地进行迭代，直到总开销降至低于预设的阈值 T。在每一次迭代中，三个过程将被执行，即 shiftSearch、swapSearch 和 replaceSearch。

算法 5.3　Search

1: P_{crt} ← the initial container placement
2: **repeat**
3: 　　Sort $\boldsymbol{H}$ by resource utilization
4: 　　N ← $\boldsymbol{H}(\text{Top}(\delta)) + \boldsymbol{H}(\text{Tail}(\delta))$
5: 　　P_{shift} ← shiftSearch(P_{crt}, N)
6: 　　P_{swap} ← swapSearch(P_{crt}, N)
7: 　　$P_{replace}$ ← replaceSearch(P_{crt}, N)
8: 　　P_{crt} ← arg min(Cost(P)), $P \in \{P_{shift}, P_{swap}, P_{replace}\}$
9: **until** Cost(P_{crt}) < T
10: P_{best} ← P_{crt}
11: Output P_{best}

---

shiftSearch 过程尝试将容器从热服务器迁移到空闲服务器来降低总开销。本过程首先随机地挑选一个热服务器的集合和一个空闲服务器的集合,然后将选定的热服务器集合中的一个容器通过 shift 动作迁移到能够使总开销降低的特定空闲服务器上。

swapSearch 过程通过交换两台服务器上的两个容器来达到降低总开销的目的。本过程首先随机地选出一个热服务器的集合和一个非热服务器的集合。对于选定的热服务器集合中的每一个容器,本过程都会在非热服务器集合当中选择一个合适的容器(交换执行之后能够降低总开销)并将两者的位置进行交换。

replaceSearch 过程先将 h_B 上的一个僵尸容器迁移到 h_C,然后再将 h_A 上的容器重分配给 h_B,从而降低总开销。本过程首先选择一批热服务器作为源服务器。对于源服务器 h 上的每一个容器 c,它选择一批非热服务器作为中继服务器。对于每一个位于中继服务器 h' 上的僵尸容器 c',replaceSearch 将从一批随机的空闲服务器中选出一台目标服务器 h'',使得 c 从 h 重分配到 h' 并且 c' 从 h' 移动到 h'' 之后,总开销减小。

在 5.7 节,我们给出了详细的算法分析,并证明了 Sweep&Search 算法和理论最优解之间的偏差是有上限的。

5.5　实现

本节将介绍我们的解决方案在百度场景中的实现。本章提出的所有算法都实现在 FreeContainer[16] 这个中间件产品上,而 FreeContainer 构建在管理虚拟化服务的数据中心协调器系统上。

FreeContainer 部署在一个具有 6000 台服务器的互联网数据中心,且该数据中心内同时部署了 35 个服务和其他一些背景服务。为了评估部署本方案之后该数据中心的性能提升,我们进行了一系列实验来测量以下系统特征:响应时间、服务吞吐量和资源利用率。

响应时间　服务的响应时间是指一个特定请求的总响应时间。由于每个请求可能涉及多个容器，因此一个有效的容器通信方案应该降低网络延迟。我们将结果展示在图5.3a中，其中小圆点和大圆点分别表示部署我们的方案之前和之后的请求响应时间。平均响应时间分别为451ms和365ms.我们可以看出，通过优化容器的放置，通信延迟减少了20%。

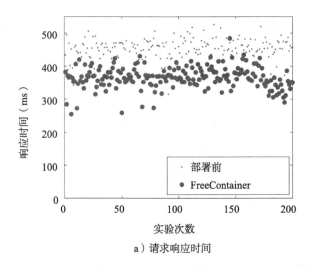

a）请求响应时间

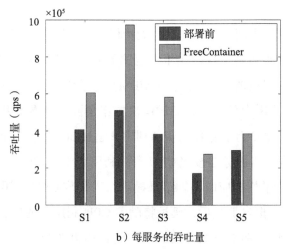

b）每服务的吞吐量

图5.3　部署我们的方案前后系统性能对比

服务吞吐量　为了验证所提算法的在线性能，我们在这个数据中心上进行压力测试，并测量 5 个代表性服务的吞吐量。这 5 个代表性服务由以下方式选出：我们根据服务的容器数及每个容器的平均副本数将服务分为小、中、大 3 类。表 5.1 总结了所选服务的类型。我们的目的是涵盖尽可能多的服务类型。部署 FreeContainer 之前和之后的服务吞吐量如图 5.3b 所示。以 S_2 为例，在部署 FreeContainer 之前的最大吞吐量为每秒 510 008 个查询（qps），而在使用了我们的算法之后最大吞吐量增至 972 581 qps（提高了 90%）。同时我们观察到，S_5 的吞吐量从 295 581qps 增至 384 761qps，提高了 30%。这是由于 S_5 中仅有 588 个互动容器，但 S_2 中有 2268 个互动容器。结果显示，拥有越多相互通信容器的服务，其优化带来的效益就越大。

表 5.1　服务的相关信息

服务	容器数	每个容器的副本数
S_1	3052（大）	1（小）
S_2	378（中）	6（中）
S_3	96（小）	10（大）
S_4	192（中）	3（小）
S_5	98（小）	6（中）

资源利用率　资源利用率是另一个性能指标。如果服务器间的资源利用率比较均衡，那么吞吐量通常也较高。我们在压力测试下测量了资源利用率，结果如图 5.4 所示（CPU 资源利用率对应图 5.4a，内存（MEM）资源利用率对应图 5.4b，SSD 资源利用率对应图 5.4c）。从图中可知，我们的解决方案消除了资源利用率的长尾现象。以 CPU 利用率为例，有 800 台服务器的资源利用率超过 80%。为了将高资源利用率带来的影响展示出来，我们将服务器按照 CPU 资源利用率（每 10%）进行分类，并计算这些服务器上的查询的平均响应时间。结果显示，当平均 CPU 利用率小于 60% 时，延迟保持在 50ms 以下，但自那之后，延迟将随着 CPU 利用率的增长而显著增长。对于 CPU 利用率高于 80% 的那部分服务器来说，延迟增至 200ms，CPU 利用率高于 90% 的服务器延迟增至 800ms（是 CPU 利用率小于 60% 的服务器的延迟的 16 倍）。因此，CPU 资源不足使被影响的服务器需要承受较大的延迟并成为整体服务性能的瓶颈。纵观以上结果可以看出，我们的方案可以使资源利用率更加均衡。

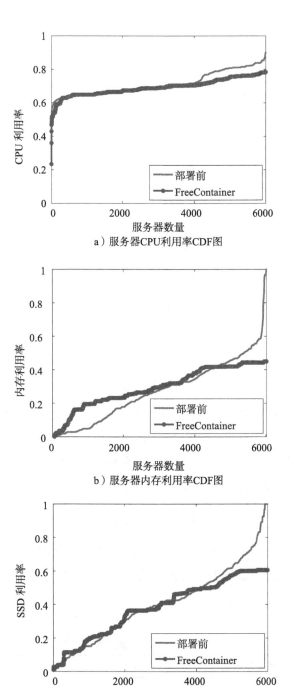

a）服务器CPU利用率CDF图

b）服务器内存利用率CDF图

c）服务器SSD利用率CDF图

图 5.4

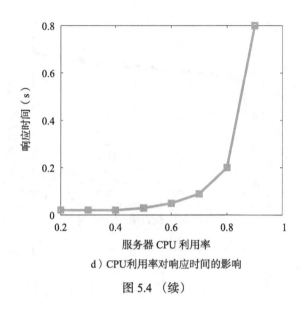

d）CPU利用率对响应时间的影响

图 5.4 （续）

5.6 实验

我们在百度的大规模数据中心设置了不同的参数配置，进行了广泛的实验来评估 CA-WFD 和 Sweep&Search 算法。出于安全的考虑，我们无法在真实数据中心内部署对比系统，因此我们在两个实验数据中心（DC_A 和 DC_B）对算法进行了评估，其中 DC_A 拥有 2513 台服务器，可容纳 25 个服务的 10 000+ 个容器，DC_B 拥有 4361 台服务器，可容纳 29 个服务的 25 000+ 个容器。

这两个数据中心的服务器配置总结如表 5.2 所示。DC_A（S_{Ai}）和 DC_B（S_{Bi}）中典型服务的资源需求如表 5.3 所示。表 5.2 和表 5.3 中的值经过了归一化处理，其中每个维度的资源的最高服务器配置被标准化为 1。这些真实数据表明，容器的服务器配置和资源需求都是十分异构的。

表 5.2　服务器配置

数据中心	服务器数量	CPU	MEM	SSD
DC_A	2077	1.000	1.000	0.400
	169	0.342	0.750	1.000
	112	0.589	0.750	1.000

（续）

数据中心	服务器数量	CPU	MEM	SSD
DC$_B$	2265	0.830	0.667	0.242
	1394	0.430	0.333	0.242
	160	1.000	1.000	0.606

表 5.3　服务信息

服务	CPU	MEM	SSD	容器数	服务的副本数
S$_{A1}$	0.102	0.119	0.068	3052	1
S$_{A2}$	0.153	0.190	0.137	2142	6
S$_{A3}$	0.084	0.111	0.062	960	10
S$_{A4}$	0.080	0.206	0	777	7
S$_{A5}$	0.110	0.111	0.043	588	6
S$_{B1}$	0.017	0.044	0.030	10 090	2
S$_{B2}$	0.210	0.157	0.124	1974	6
S$_{B3}$	0.056	0.065	0.033	1920	6
S$_{B4}$	0.014	0.050	0.033	1152	6
S$_{B5}$	0.132	0.083	0.046	960	10

5.6.1　CA-WFD 的性能

5.6.1.1　算法性能

考虑这样一个场景：两个新的服务 S$_A$ 和 S$_B$ 被分别部署到 DC$_A$ 和 DC$_B$，S$_A$ 被实例化为 2000+ 个容器，S$_B$ 被实例化为 5000+ 个容器，这些容器有不同的资源请求。在这组实验中，需要将这些新实例化的容器部署到数据中心上，我们将 CA-WFD 算法与其他顶尖容器平台提供商（如 Docker[17]、Swarm[18]、Amazon[19]）所使用的 4 种前沿容器分配策略作对比。

❑ CA-WFD　这是在 5.3 节提出的一种通信感知的最差拟合递减算法。在本次评估中，我们将算法 5.1 第 6 行的 d 设为 2，即每次选择两个候选服务器。

❑ Random　随机地分配容器。将随机策略作为评估中的基准。

❑ HA（High Availability）　在部署每个容器时，选择具有最少该服务的容器的服务器作为目标服务器。HA 用于优化负载均衡，同时优化服务的可用性。但是，由于容器被分布到所有服务器中，因此 HA 具有较大的通信开销。

❑ ENF（Emptiest Node First）　这一方法选择容器总数最少的服务器作为目标服务器。ENF 旨在粗粒度地均衡所有服务器的负载。但是，更少的容器并不一定意味着更低的资源利用率，因为一个大容器（如表 5.3 中的 S_{B2}）消耗的资源比多个小容器（如表 5.3 中的 S_{B1}）消耗的资源多。

❑ Binpack　这一方法将容器分配给具有最少可用 CPU 量的服务器，它倾向于减少使用的服务器数量。

表 5.4 对比了使用不同方法放置容器之后的总开销。为简明起见，这里将开销的值进行了最小 – 最大归一化 [20]，下限和上限被分别归一化为 0 和 1，而且下限和上限均是在理想条件下计算而来的。以通信开销为例，一个服务的 C_{cost} 值的上限是在该服务的所有容器都遍布到尽可能多的服务器上的条件下计算而来的，而下限是在这些容器被放置到同一服务器或最邻近服务器的条件下计算而来的（仍然考虑了容量约束、冲突约束和遍布约束）对于资源利用率开销（U_{cost}），CA-WFD 在 DC_A 中的表现比其他算法出色，U_{cost} 较其他算法最多降低 57.7%，在 DC_B 中最多降低 45.5%。ENF 算法位居第二，原因是 CA-WFD 算法和 ENF 算法都尝试将容器分配给具有更多可用空间的服务器，这样有利于均衡负载。然而，ENF 算法将具有最少容器的服务器视为最空闲的服务器，这样的做法不够精确。Binpack 的 U_{cost} 是 CA-WFD 的将近两倍，这是因为 Binpack 将容器分配到尽可能少的服务器上，这会阻碍负载均衡。从剩余资源均衡开销（B_{cost}）和通信开销（C_{cost}）来看，CA-WFD 在两个数据中心都能达到比其他算法更好或与其他算法相近的效果，从而可以肯定 CA-WFD 的有效性。从 C_{cost} 来看，HA 算法明显差于其他算法，这是因为 HA 算法将容器广泛分配到所有服务器中，这种做法引入了更多的跨服务器通信。

表 5.4 不同放置策略的开销

数据中心	算法	U_{cost}	B_{cost}	C_{cost}
DC$_A$	CA-WFD	0.069	0.703	0.403
	Random	0.114	0.824	0.400
	HA	0.111	0.709	0.424
	ENF	0.087	0.715	0.406
	Binpack	0.163	0.686	0.396
DC$_B$	CA-WFD	0.048	0.053	0.695
	Random	0.062	0.147	0.747
	HA	0.050	0.116	0.769
	ENF	0.042	0.090	0.758
	Binpack	0.088	0.170	0.698

图 5.5 展示了 DC$_A$ 中的服务器的资源利用率 CDF 图,横坐标代表 DC$_A$ 中的 2513 个服务器,纵坐标代表 3 种不同资源的利用率,CA-WFD 比其他算法达到了更均衡的资源利用率,这与表 5.4 中的结果一致。服务器资源利用率反映了压力测试下数据中心的性能,当需求激增时,使用 CA-WFD 算法放置容器可以达到更高的服务吞吐量。

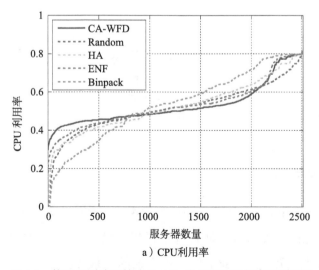

a)CPU利用率

图 5.5 使用不同放置策略时 DC$_A$ 中的服务器的资源利用率

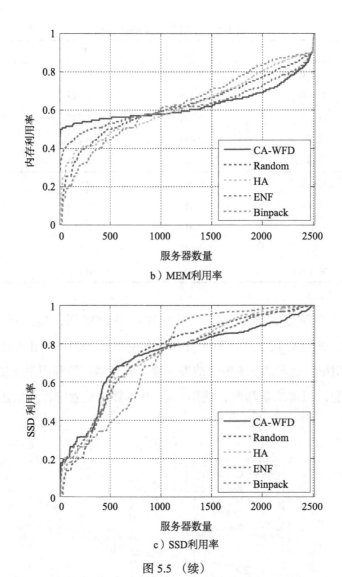

b）MEM利用率

c）SSD利用率

图 5.5 （续）

5.6.1.2 算法变体

5.3 节提到，CA-WFD 算法分别使用主导需求与剩余资源的加权和来衡量容器的大小和服务器的规格。我们从文献 [12] 中得到启发，并在实验数据中心上评估了多种设计方案，结果完全证实了我们的设计方案的有效性。接下来，我们将 CA-WFD

与其他两种代表性变体进行比较，这两种变体也与 CA-WFD 一样经过了算法中的步骤，但它们使用与 CA-WFD 不一样的指标。

❑ DR-WS（Dominant Requirement-Weighted Sum，主导需求 – 加权和），即我们在 5.3 节使用的设计方案。

❑ WS-DP（Weighted Sum-Dot Product，加权和 – 点积）根据需求向量（即 $\sum_{r \in R} w_r \cdot D_c^r$）的加权和对容器进行排序，并根据容器需求向量的点积和服务器剩余资源向量（即 $\sum_{r \in R} a_r \cdot D_c^r \cdot A(h, r)$，其中 $a_r = \exp(0.01 \cdot \text{avdem}_r)$，且 $\text{avdem}_r = \frac{1}{|R|} \sum_{r \in R} D_c^r$）选择最优的目标服务器。研究 [12] 中的仿真表明 WS-DP 在解决矢量装箱问题 [21] 时表现出色。

❑ C-C（CPU-CPU）是 CA-WFD 策略的一维版本，它在对容器进行排序和放置时仅考虑 CPU 这一维度。

表 5.5 对比了 CA-WFD 及其变体的开销。在两个数据中心中，DR-WS（即我们在 5.3.2 节提出的设计）均比其他两种设计表现得更出色。有一点值得说明的是，WS-DP 在 DC_B 中的表现明显差于 DC_A，我们认为这是由 WS-DP 无法有效捕获更为异构的环境下的资源特征导致的（注意，表 5.2 中，DC_A 中服务器容量的差异比 DC_B 中的大得多）。C-C 将容器分配给具有最大剩余 CPU 量的服务器，因此，容器更易于被放置到具有高端 CPU 的服务器上，这解释了为何就 C_{cost} 来说 C-C 表现得比 DR-WS 和 WS-DP 稍好，但就 U_{cost} 和 B_{cost} 来说却相反。这说明了在真实环境中，一维的放置策略效果欠佳，因为优化单一资源很容易引起其他种类资源的利用率降低。

表 5.5 不同算法变体的开销

数据中心	设计方案	U_{cost}	B_{cost}	C_{cost}
DC_A	DR-WS	0.069	0.703	0.403
	WS-DP	0.072	0.705	0.405
	C-C	0.139	0.953	0.399

（续）

数据中心	设计方案	U_{cost}	B_{cost}	C_{cost}
DC_B	DR-WS	0.048	0.053	0.695
	WS-DP	0.076	0.103	0.682
	C-C	0.091	0.244	0.671

总而言之，相比于前沿算法，CA-WFD 能够实现更均衡的资源利用率而不会引入更多的通信开销，从而进一步提高服务性能。

5.6.2 Sweep&Search 的性能

5.6.2.1 算法性能

我们将 Sweep&Search 算法与 NLS 和 Greedy 进行对比。同样，出于安全的考虑，我们在实验数据中心评估了这些算法。

❑ Sweep&Search（S&S）是我们在 5.4 节所提的容器重分配算法。为了加快算法 5.3 中 Search 过程的收敛速度，我们根据经验将式（5.6）中的 w_u、w_b、w_c 分别设置为 1、$\dfrac{1}{|\boldsymbol{H}|}$ 和 $\dfrac{1}{|\boldsymbol{C}|^2}$，使得总开销的 3 个组成部分（即 $w_u \times U_{cost}$、$w_b \times B_{cost}$ 和 $w_c \times C_{cost}$）落在相似的值域内。此外，我们将 Sweep 中的 δ 设置为 2%。

❑ NLS 是一种嘈杂局部搜索算法，它基于 GMRP[6] 的优胜团队的解决方案，此方法在一批机器之间重分配进程来提高整体效率。在评估中，NLS 在使用局部搜索时采用与 Sweep&Search 相同的 w_u、w_b 和 w_c 值。

❑ Greedy 是一种贪心算法，它每一次都尝试将容器从最热服务器迁移到最空闲服务器。此算法使用最直接的方法降低 U_{cost} 值。

表 5.6 展示了 Sweep&Search、NLS、Greedy 算法产生的总开销。在 DC_A 中，Sweep&Search 在 U_{cost}、B_{cost}、C_{cost} 指标上比 Greedy（NLS）算法的性能分别高出 40.4%（30.6%）、69.0%（66.0%）和 9.1%（6.2%），而在 DC_B 中分别高出 33.9%（21.2%）、72.7%（80.4%）和 6.3%（3.8%）。这些结果表明 Sweep&Search 能够同时

优化通信开销和平衡资源利用率。

表 5.6 不同容器重分配算法的开销

数据中心	设计方案	U_{cost}	B_{cost}	C_{cost}
DC$_A$	Sweep&Search	0.034	0.121	0.329
	NLS	0.049	0.356	0.351
	Greedy	0.057	0.390	0.362
DC$_B$	Sweep&Search	0.041	0.033	0.606
	NLS	0.052	0.168	0.630
	Greedy	0.062	0.121	0.647

图 5.6a 展示了 DC$_A$ 中 2513 台服务器的 CPU 利用率 CDF 图，横坐标表示 DC$_A$中的 2513 台服务器，纵坐标表示 CPU 利用率。使用 Greedy 算法时有大约 330 台服务器的 CPU 利用率超过 60%，使用 NLS 算法时仅有 210 台服务器的 CPU 利用率超过 60%。而当使用 Sweep&Search 算法时，CPU 利用率的最高值降至 52%，比 NLS和 Greedy 的效果好。

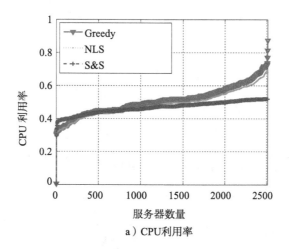

a）CPU利用率

图 5.6 不同重分配策略应用于 DC$_A$ 的服务器资源利用率

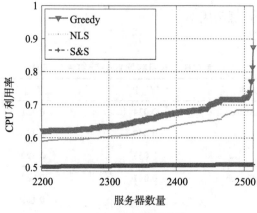

b）CPU尾部利用率

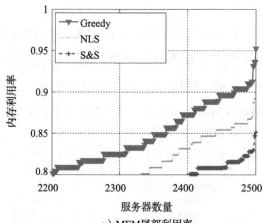

c）MEM尾部利用率

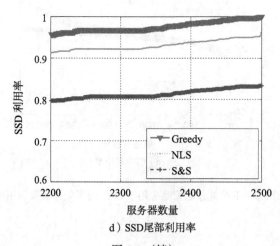

d）SSD尾部利用率

图 5.6 （续）

对于高性能网络服务而言，热服务器通常决定了系统的总吞吐量。我们收集了使用不同算法时产生的来自最热的 300 台服务器上的资源利用情况，结果如图 5.6 所示。以 SSD 为例，使用 Greedy、NLS、Sweep&Search 算法时最热的 300 台服务器的平均利用率分别为 97.71%、93.15%、81.33%。为了更清晰地显示量化的优化结果，表 5.7 展示了最热的服务器的平均 CPU 利用率。这 2513 台服务器的总体平均 CPU 利用率为 51.16%。我们可以看到，Sweep&Search 的性能十分接近下限，并且比 Greedy 和 NLS 的性能最多高出 70%。

表 5.7　瓶颈服务器的平均 CPU 利用率

算法	前 1%	前 5%	前 10%
Sweep&Search	0.571	0.570	0.569
NLS	0.719	0.692	0.657
Greedy	0.736	0.703	0.675

我们将 Sweep&Search 的良好性能归因如下。首先，我们同时考虑 U_{cost} 和 B_{cost} 来最小化多种资源的利用率之间的差距，同时平衡剩余的多种资源。其次，Sweep 阶段为后续的 Search 阶段提供了更多的空间，Search 阶段根据这些空间可以探索更多的分支，找到更好的分配方案。

5.6.2.2　算法效率

接下来我们将展示 Sweep 算法的有效性，并且评估不同参数配置对 DC_A 中 Sweep&Search 的性能产生的影响，在评估中，我们将 δ 设置为 2%（10%、20%），即在每一轮迭代探索中，选取最热的 2%（10%、20%）的服务器和最空闲的 2%（10%、20%）的服务器，合计 4%（20%、40%）的服务器作为候选服务器，并对这些候选服务器使用邻域搜索。

表 5.8 展示了不同参数配置下的开销。U_{cost}、B_{cost}、C_{cost} 的优化都得益于更大的 δ 值，这与 5.7 节中的分析一致。尤其是与设为 2% 相比，将 δ 设为 10%（20%），B_{cost} 和 C_{cost} 分别降低了 65.3%（71.9%）和 37.4%（48.9%）。但 U_{cost} 降低的幅度比

B_{cost} 和 C_{cost} 的小一些，这表明较小的 δ 能够在资源负载均衡中取得更好的效果。并且，尽管较大的 δ 也会使得总开销下降，但它也需要更多的时间来进行算法 5.2 中的 Sweep 操作。

表 5.8　在 DC_A 中为 Sweep&Search 设置不同参数时的开销

δ 值	U_{cost}	B_{cost}	C_{cost}
2%	0.034	0.121	0.329
10%	0.032	0.042	0.206
20%	0.033	0.034	0.168

5.7　Sweep&Search 的近似分析

在本节，我们将证明 Sweep&Search 的输出 $(1+\varepsilon, \theta)$- 近似于理论最优解 $p*$（为了简化，我们在接下来的分析中用 $\hat{p}$ 代替 p_{best}），其中 ε 是准确度参数，θ 是表示该准确度的概率的置信度参数[22]。进一步来说，$(1+\varepsilon, \theta)$- 近似可以用如下公式表示：

$$Pr[\,|\hat{P}-P^*|\leq\varepsilon P^*]\geq 1-\theta \qquad (5.14)$$

如果 ε=0.05 且 θ=0.1，则表示有 90% 的概率（置信区间）使得 Sweep&Search 的输出 $\hat{P}$ 与最优解 $P*$ 有 5% 的误差（准确度范围）。

Sweep 阶段不会引入偏差，因此 $\hat{P}$ 与 $P*$ 的偏差主要来自 Search 阶段，偏差具体由两个部分引入，一部分是为 Search 的执行从主机集合 H 中选择一个主机子集，另一部分是终止条件。具体而言，Search 算法的核心是从集合 H 中选出部分候选主机，通过几次迭代扩展地对三种邻域进行搜索，并在每一轮迭代中产生一个近似结果。

b_i 表示在 h_i 上进行探索的分支，x_i 表示 b_i 的最小开销。假设总共有 n 个分支，显然，最优解（最小开销）为 $Q^* = \min\{x_1, \cdots, x_n\}$。给定近似比 ε，我们欲证开销为 $\hat{Q}$ 的 Sweep&Search 的解 $\hat{P}$ 在一定的概率范围内满足 $|\hat{Q}-Q^*|\leq\varepsilon Q^*$。我们将总误差分为两部分，并尝试分别控制上述的两部分误差。

控制来自终止条件的误差 我们在每一次迭代中探索 2δ 个分支，令 $\hat{Q}_{\text{iter}} = \min\{\min\{x_1, \cdots, x_{2\delta}\}, \frac{(1-\varepsilon)Q_{\text{iter}}^*}{2}\}$，表示终止条件为以下两个条件的平衡：这些分支的最小开销达到了最佳值；达到了阈值 $\frac{1-\varepsilon}{2}$。

引理 5.1 每次迭代的输出 $\hat{Q}_{\text{iter}}$ 满足 $|\hat{Q}_{\text{iter}} - Q_{\text{iter}}^*| \leqslant \frac{\varepsilon}{2}Q_{\text{iter}}^*$。

证明 （1）若这 2δ 个分支中的最小开销达到了当前最优解，则 $\hat{Q}_{\text{iter}} = Q_{\text{iter}}^*$；（2）若这些分支中的最小开销小于当前最优解，则 $Q_{\text{iter}}^* = \frac{1-\varepsilon}{2}Q_{\text{iter}}^*$。

总体而言，$|\hat{Q}_{\text{iter}} - Q_{\text{iter}}^*| \leqslant \left|\frac{1-\varepsilon}{2}Q_{\text{iter}}^* - Q_{\text{iter}}^*\right| = \frac{\varepsilon}{2}Q_{\text{iter}}^*$，故偏差被限制在 $\frac{\varepsilon}{2}$ 之内。

控制来自子集选择的误差 现在证明我们能够通过在每次迭代中探索 2δ 个主机来限制 $|\hat{Q} - Q^*|$。

在开始证明之前先引入霍夫丁界：

霍夫丁不等式：有 k 个随机的相同且独立的变量 V_i。对于任意 ε，有

$$\Pr[|V - E(V)| \geqslant \varepsilon] \leqslant e^{-2\varepsilon^2 k} \tag{5.15}$$

根据霍夫丁界，我们有如下引理：

引理 5.2 在每次迭代中探索 2δ 个主机时，$\Pr[|\hat{Q} - Q^*| \leqslant \frac{\varepsilon}{2}Q^*]$ 有上界。

证明 假设所有分支中的最小开销是均匀分布的（从 a 到 b），我们有 $\hat{Q} = (\min\{x_1, \cdots, x_{2\delta}\})$ 和 $E(\hat{Q}) = \left(1 - \frac{x_i}{b-a}\right)^{2\delta}$。令 $Y_i = 1 - \frac{x_i}{b-a}$，且 $Y = \prod_{i=1}^{2\delta} Y_i$，我们有

$$E(\hat{Q}) = Y < Y^{\frac{n}{2\delta}} \tag{5.16}$$

由于 Y 与 $\hat{Q}$ 相关，且最小 Y_i 的期望与 Q^* 相关，因此 $\hat{Q}$ 和 Q^* 相关。具体而言，$E(Y)=E(Y_i)^{2\delta}$，$E(Y_i)=E(Y)^{\frac{1}{2\delta}}$。因此，有

$$E(Q^*) = \left(1-\frac{x_i}{b-a}\right)^n = E(Y_i)^n = E(Y)^{\frac{n}{2\delta}} \tag{5.17}$$

且

$$\Pr\left[\,|E(\hat{Q})-E(Q^*)|\geqslant\frac{\varepsilon}{2}\right] < \Pr\left[\,|Y^{\frac{n}{2\delta}}-E(Y)^{\frac{n}{2\delta}}|\geqslant\frac{\varepsilon}{2}\right] \tag{5.18}$$

通过霍夫丁界（式（5.15）），我们得到：

$$\Pr\left[\,|Y^{\frac{n}{2\delta}}-E(Y)^{\frac{n}{2\delta}}|\geqslant\frac{\varepsilon}{2}\right] \leqslant e^{-2\left(\frac{\varepsilon}{2}\right)^2\times2\delta} \tag{5.19}$$

最后，

$$\Pr\left[\,|E(\hat{Q})-E(Q^*)|\geqslant\frac{\varepsilon}{2}\right] \leqslant e^{-\varepsilon^2\delta} \tag{5.20}$$

现在我们可以将以上两部分误差合并：由终止条件引入的误差率为 $\frac{\varepsilon}{2}$，由子集选择引入的误差率也能在一定概率下限制在 $\frac{\varepsilon}{2}$ 之内，因此我们提出完整的定理：

定理 令 Q^* 为容器组重分配问题的理论最优解（拥有最小的总开销），Sweep&Search 能够输出一个近似解 $\hat{Q}$，其中最少在 $e^{-\varepsilon^2\delta}$ 的概率下使得 $|\hat{Q}-Q^*|\leqslant\varepsilon Q^*$。

总而言之，我们能够为近似解的偏差提供一个上界，并且其概率与每次搜索迭代所选的主机数有关。给定准确度，我们能通过探索更多的主机来进一步优化这个概率。

5.8　总结

容器化广阔的前景使越来越多的互联网服务提供商把服务部署到容器中。然而，将容器化应用到大规模互联网数据中心需要在通信开销和多资源负载均衡之间进行权衡。

在本章中，我们将大规模数据中心中的容器分配问题分解为两个子问题进行处理，即容器放置问题和容器重分配问题，这两个问题都是 NP 难的。对于容器放置问题，我们提出了一种有效的启发式算法，即 CA-WFD 算法，它将 WFD 扩展到 CPP，同时考虑多种资源的负载均衡以及降低通信开销。对于容器重分配问题，我们提出了一种叫作 Sweep&Search 的两阶段算法来重新优化容器的放置，算法首先处理过载的服务器，然后使用局部搜索技术优化目标。

我们进行了充分的实验来评估我们的算法，结果显示我们的算法比现有前沿算法的性能最多提高了 70%。我们在拥有超过 6000 台服务器和 35 个服务的数据中心中进一步实施了我们的方案，评估数据表明我们的解决方案可以有效减少互动式容器之间的通信开销，同时将整体服务吞吐量提高到 90%。

参考文献

1. FreeBSD.chroot FreeBSD ManPages: http://www.freebsd.org/cgi/man.cgi (2016)
2. Felter, W., Ferreira, A.P., Rajamony, R., Rubio, J.C.: An updated performance comparison of virtual machines and Linux containers. In: 2015 IEEE International Symposium on Performance Analysis of Systems and Software (ISPASS), pp. 171–172. IEEE (2015)
3. Kubernetes: http://kubernetes.io/ (2016)
4. Hindman, B., Konwinski, A., Zaharia, M., Ghodsi, A., Joseph, A.D., Katz, R.H., Shenker, S., Stoica, I.: Mesos: a platform for fine-grained resource sharing in the data center. In: NSDI, vol. 11, pp. 22–22 (2011)
5. Yu, T., Noghabi, S.A., Raindel, S., Liu, H., Padhye, J., Sekar, V.: Freeflow: high performance container networking. In: Proceedings of the 15th ACM Workshop on Hot Topics in Networks, pp. 43–49. ACM (2016)
6. Gavranović, H., Buljubašić, M.: An efficient local search with noising strategy for google machine reassignment problem. Ann. Oper. Res. **242**, 1–13 (2014)
7. Marler, R.T., Arora, J.S.: Survey of multi-objective optimization methods for engineering. Struct. Multidiscip. Optim. **26**(6), 369–395 (2004)
8. Gavish, B., Pirkul, H.: Algorithms for the multi-resource generalized assignment problem. Manag. Sci. **37**(6), 695–713 (1991)
9. Sahni, S., Gonzalez, T.: P-complete approximation problems. J. ACM **23**(3), 555–565 (1976)

10. Johnson, D.S.: Fast algorithms for bin packing. J. Comput. Syst. Sci. **8**(3), 272–314 (1974)
11. Lakshmanan, K., Niz, D.D., Rajkumar, R., Moreno, G.: Resource allocation in distributed mixed-criticality cyber-physical systems. In: 2010 IEEE 30th International Conference on Distributed Computing Systems, pp. 169–178. IEEE (2010)
12. Panigrahy, R., Talwar, K., Uyeda, L., Wieder, U.: Heuristics for vector bin packing. research. microsoft. com (2011)
13. Mitrović-Minić, S., Punnen, A.P.: Local search intensified: very large-scale variable neighborhood search for the multi-resource generalized assignment problem. Discrete Optim. **6**(4), 370–377 (2009)
14. Dıaz, J.A., Fernández, E.: A tabu search heuristic for the generalized assignment problem. Eur. J. Oper. Res. **132**(1), 22–38 (2001)
15. Masson, R., Vidal, T., Michallet, J., Penna, P.H.V., Petrucci, V., Subramanian, A., Dubedout, H.: An iterated local search heuristic for multi-capacity bin packing and machine reassignment problems. Expert Syst. Appl. **40**(13), 5266–5275 (2013)
16. Zhang, Y., Li, Y., Xu, K., Wang, D., Li, M., Cao, X., Liang, Q.: A communication-aware container re-distribution approach for high performance VNFs. In: IEEE International Conference on Distributed Computing Systems (2017)
17. Container distribution strategies: https://docs.docker.com/docker-cloud/infrastructure/deployment-strategies/ (2017)
18. Docker swarm strategies: https://docs.docker.com/swarm/scheduler/strategy/ (2017)
19. Service, A.E.C.: Amazon ECS task placement strategies. https://docs.aws.amazon.com/AmazonECS/latest/developerguide/task-placement-strategies.html (2017)
20. Han, J.: Data Mining: Concepts and Techniques. Morgan Kaufmann Publishers Inc., San Francisco (2005)
21. Christensen, H.I., Khan, A., Pokutta, S., Tetali, P.: Approximation and online algorithms for multidimensional bin packing: a survey. Comput. Sci. Rev. **24**, 63–79 (2017)
22. Han, Z., Hong, M., Wang, D.: Signal Processing and Networking for Big Data Applications. Cambridge Press, Cambridge/New York (2017)

第 6 章　Chapter 6

跨 DC 网络的大规模数据同步系统

摘要　许多重要的云服务需要将海量后端数据从一个 DC（数据中心）复制到多个 DC。虽然现有解决方案在成对的 DC 间数据传输的问题上已大大改善了传输性能，但在批量数据组播问题上的优化还远远不够，因为这些方案无法探索地理位置分散的多个 DC 间存在的不相交覆盖路径以及固定带宽分离方案下为在线流量预留的剩余带宽。为了利用这些机会，我们提出了 BDS+，一种用于大规模 DC 间数据复制的近乎最优的数据传输与同步系统。BDS+ 是一个应用程序级的组播覆盖网络，具有完全集中的架构，允许中央控制器维护中间服务器的数据传输状态的最新全局视图，以充分利用可用的不相交覆盖路径。此外，在每个覆盖路径中，BDS+ 还利用动态带宽分离的方法为在线流量预留剩余可用带宽。

BDS+ 不断估计网络流量需求，并相应地重新调度海量数据传输，可以进一步加快海量数据组播的速度。通过在最大的在线服务提供商之一的试点进行部署以及大规模的实际跟踪仿真，我们证明 BDS+ 相比供应商的现有系统和静态带宽分离的几个众所周知的覆盖路由基准，能够实现 3 ～ 5 倍的加速。此外，动态带宽分离可以进一步将批量数据传输的完成速度再次提高至原来的 1.2 ～ 1.3 倍。

6.1 BDS+的设计动机

本节提供一个应用程序级组播覆盖网络的案例。首先描述全球范围在线服务提供商——百度的 DC 间组播工作负载特征（6.1.1 节），然后展示利用地理位置分散的 DC 中瓶颈不相交覆盖路径以及动态带宽分离来改进组播性能的潜在机会（6.1.2 节），最后研究百度当前的 DC 间组播（Gingko）解决方案，并从现实事件中吸取经验以指导 BDS+ 的设计（6.1.3 节）。我们总结了所有这些观察结果，这些观察结果基于在 7 天内收集的百度 DC 间流量数据集。该数据集包含分布在 30 多个地理位置分散的 DC 之间的约 1265 个组播传输（6.1.4 节）。

6.1.1 百度的 DC 间组播工作负载

DC 间组播流量共享 表 6.1 展示了 DC 间的组播（将数据从一个 DC 复制到多个 DC）占所有 DC 间流量的一部分⊖。我们看到，DC 间组播占据百度总体 DC 间总流量中的比例为 91.13%，占据各个应用程序流量的比例为 89.2% 至 99.1%。DC 间组播流量占 DC 间流量的主要份额这一事实凸显了优化 DC 间组播性能的重要性。

表 6.1 DC 间组播（将数据从一个 DC 复制到多个 DC）主导了百度的 DC 间流量

应用程序类型	组播流量中的百分比	应用程序类型	组播流量中的百分比
所有应用程序	91.13%	离线文件共享	98.18%
博客文章	91.0%	论坛帖子	98.08%
搜索索引	89.2%	其他数据库同步	99.1%

DC 间组播的目的地是哪些 DC 接下来，我们想知道这些传输是否被分配到大量（或只有少数几个）DC，以及它们是否共享共同的目的地。图 6.1a 描绘了组播传输到达的百度 DC 的百分比的分布。我们看到 90% 的组播传输目标 DC 占据了至少 60% 的 DC，70% 的组播传输目标 DC 占据了 80% 以上的 DC。此外，我们发现源 DC 和目标 DC 集合（此处未显示）具有很大的多样性。这些观察结果表明，预先配

⊖ 使用经过一次随机抽样的 DC 的通信量来估计总体组播通信量共享，因为我们没有访问所有 DC 间流量的信息，但是这个数字与我们从其他 DC 观察到的一致。

置所有可能的组播请求是不可行的。相反，我们需要一个系统来自动路由和调度任何给定的 DC 间组播传输。

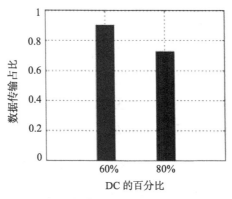

a）组播传输的目标 DC 数量占所有 DC
的百分比

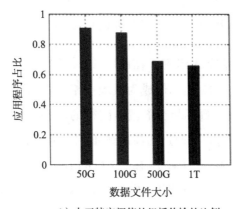

b）大于特定阈值的组播传输的比例

图 6.1 DC 间组播的目标 DC 占所有 DC 的很大一部分（a），并且数据量很大（b）

DC 间组播传输的大小 图 6.1b 描述了 DC 间组播的数据大小分布。我们看到，60% 以上的组播传输的文件大小超过 1 TB（而 90% 以上的文件超过 50 GB）。假定分配给每个组播的 WAN 总带宽约为几 Gb/s，则这些传输通常都将持续至少几十秒。因此，任何优化组播流量的方案都必须动态适应数据传输期间的任何性能变化。另一方面，这种时间上的持久性也意味着多组播流量可以容忍由集中控制机制（例如

BDS+）引起的少量延迟（详见 6.2 节）。

这些观察结果促使我们寻求一种系统的方法来优化 DC 间的组播性能。

6.1.2 DC 间应用程序级覆盖的潜力

众所周知，通常可以使用应用程序级覆盖[1]来传递组播。在这里，我们表明，应用程序级覆盖网络可以大大减少 DC 间组播的完成时间（完成时间定义为每个目标 DC 都拥有完整的数据副本的时间）。请注意，应用程序级覆盖不需要任何网络级支持，因此它是对先前 WAN 优化工作的补充。

应用程序级覆盖网络的基本思想是沿瓶颈不相交的覆盖路径[2]（即两条路径不共享公共的瓶颈链路或中间服务器）分配流量。在 DC 间传输环境中，两条覆盖路径要么遍历不同的 DC 序列（Ⅰ型），要么以不同服务器顺序遍历同一 DC 序列（Ⅱ型），或者是两者的某种组合。接下来，我们使用示例说明瓶颈不相交的覆盖路径是如何出现在这两种类型的覆盖路径中的，以及如何提高 DC 间组播性能。

瓶颈不相交的覆盖路径的示例 在图 1.1 中，我们已经看到两个 Ⅰ 型覆盖路径（A→B→C 和 A→C→B）是如何成为瓶颈不相交路径以及如何提高 DC 间组播性能的。图 6.2 显示了 Ⅱ 型瓶颈不相交的覆盖路径的示例（遍历相同的 DC 序列和不同的服务器序列）。假设我们需要通过两条瓶颈不相交路径将 DC A 的 36 GB 数据复制到 DC B 和 C：A→C，使用具有 2GB/s 容量的 IP 层 WAN 路由从 A 到 B 再到 C；A→b→C，从 A 到 B 中的服务器 b（容量为 6GB/s），再从 b 到 C（容量为 3GB/s）。数据被分成 6 个 6GB 的块。我们考虑三种策略。直接复制：如果 A 通过 WAN 路径直接向 B 和 C 发送数据（图 6.2b），则完成时间为 18s。简单的链式复制：应用程序级覆盖路径的一种简单用法是通过充当存储和中继点的服务器 b 发送块（图 6.2c），完成时间为 13s（比没有覆盖时减少了 27%）。智能组播覆盖：图 6.2d 通过有选择地同时沿两条路径发送块来进一步提高性能，该过程在 9s 内完成（比链式复制减少了 30% 的传输时间，比直接复制减少了 50%）。

自然情况下的瓶颈不相交的覆盖路径 很难在我们的网络性能数据集中识别所

有瓶颈不相交的覆盖路径，因为缺乏每个组播传输的逐跳带宽信息。相反，我们观察到，如果两个覆盖路径同时具有不同的端到端吞吐量，则它们应该是瓶颈不相交的。我们展示了一个自然环境下瓶颈不相交的覆盖路径的示例，该路径由两条覆盖路径 $A \to b \to C$ 和 $A \to C$ 组成，其中从 DC A 到 DC C 的 WAN 路由通过 DC B，b 是 B 中的服务器（这两条路径在拓扑上与图 6.2 相同）。如果 $\frac{BW_{A \to C}}{BW_{A \to b \to C}} \neq 1$，则是瓶颈不相交的（$BW_p$ 表示路径 p 的吞吐量）。图 6.3 显示了 $\frac{BW_{A \to C}}{BW_{A \to b \to C}}$ 在数据集中所有可能的 A、b 以及 C 的值的分布。我们可以看到超过 95% 的 $A \to b \to C$ 和 $A \to C$ 对具有不同的端到端吞吐量，即它们是瓶颈不相交的。

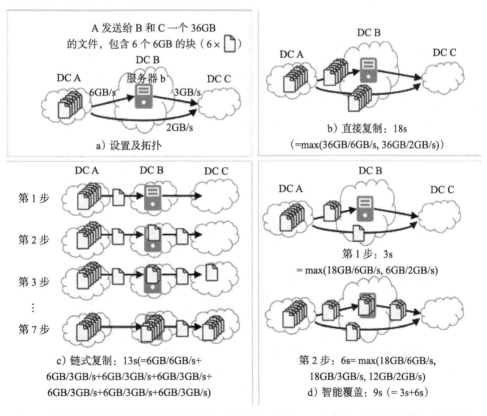

图 6.2 比较智能应用程序级覆盖路径方法（d）与基线——无覆盖（b）和简单的应用程序级覆盖（c）的性能

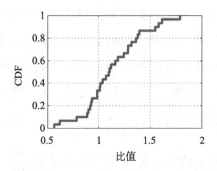

图 6.3　在我们的网络中，DC 间覆盖路径的性能差异显著，表明绝大多数覆盖路径对是瓶颈不相交的

与延迟敏感流量的交互　现有的组播覆盖网络与延迟敏感流量共享相同的 DC 间 WAN。尽管使用了标准的 QoS 技术，并且将批量数据传输的优先级设置为最低，但仍然可以发现，当延迟敏感流量处于低谷时，大数据组播请求的突然到来和大数据传输的效率低下会对延迟敏感流量产生负面影响。图 6.4 显示了 2 天内 DC 间链路的带宽利用率，在此期间，第二天的 11:00 pm 开始了长达 6 小时的批量数据传输。深色线表示输出带宽，浅色线表示输入带宽。可以看到，大量数据传输导致过多的链路利用率（即超过 80% 的安全阈值），结果，延迟敏感的在线流量经历了超过 30 倍的延迟膨胀。与之相反，在第一天的 4:00am ～ 5:00am，有将近 50% 的带宽被浪费。这些情况表明，与延迟敏感流量进行动态交互的算法将更为合理和高效。

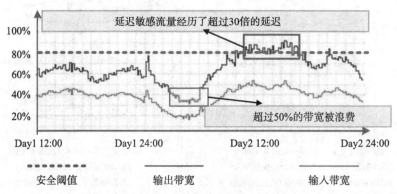

图 6.4　2 天内 DC 间链路利用率：第一天出现的流量波谷导致近 50% 的带宽浪费；第二天的 DC 间批量数据传输超过带宽阈值，对延迟敏感的流量造成了严重的干扰

6.1.3　现有解决方案的局限性

实现并证明应用程序级覆盖网络的潜在改进存在一些复杂性。作为一阶近似，我们可以简单地从其他环境的组播覆盖网络中借用现有技术。但是百度的运营经验显示了这种方法的 3 个局限，下面将对此进行描述。

百度的现有解决方案　为了满足 DC 间数据复制快速增长的需求，几年前，百度部署了 Gingko，这是一个应用程序级覆盖网络。经过多年的改进，Gingko 基于接收 – 驱动的分散式覆盖组播协议，该协议类似于其他覆盖网络（例如 CDN 和基于覆盖的实时视频流 [3-5]）中使用的协议。其基本思想是，当多个 DC 从源 DC 请求数据文件时，请求的数据将通过中间服务器的多个阶段流回，其中每个阶段的发送方的选择由下一阶段的接收方以分布式的方式驱动。

局限 1：局部适应效率低下　现有的去中心化协议缺乏全局视图，因此存在次优调度和路由决策问题。为了说明这一点，我们将一个 30GB 的文件从一个 DC 发送到百度网络的两个目标 DC。每个 DC 拥有 640 个服务器，每个服务器具有 20Mbit/s 的上传和下载带宽（与生产流量中分配给每个批量数据传输的带宽大小相同）。这个 30GB 的文件均匀地存储在所有 640 台服务器中，理想情况下，如果服务器为所有块选择最佳来源，则完成时间将为 $(30 \times 1024) / (640 \times 20\text{Mbit/s}) \times 60\text{s/min} = 41\text{min}$。但是如图 6.5 所示，目标 DC 中的服务器平均花费 195 分钟（是最佳完成时间的 4.75 倍）来接收数据，还有 5% 的服务器甚至等待了 250 分钟以上。造成此问题的关键原因是，各个服务器只能看到可用数据源的子集（即已经下载了文件一部分的服务器），因此无法利用所有可用的覆盖路径来最大化吞吐量。即使覆盖网络仅部分分散（例如文献 [6]），也会导致性能欠佳。更进一步，即使每个服务器能够具有全局视图，单个服务器的局部适应性仍会在覆盖路径上造成潜在的拥塞。

局限 2：高计算开销　为了获得全局视图并获得最优的调度协议，现有的集中式协议承受着高计算开销。大多数公式都是超线性的，因此集中式协议的计算开销始终呈指数增长，这在实践中非常棘手。

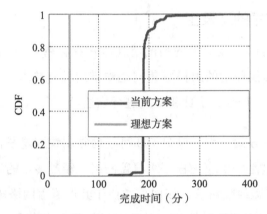

图 6.5　目标 DC 中不同服务器的实际流完成时间的 CDF 与理想解决方案的 CDF 对比

局限 3：固定的带宽分离　如图 6.4 所示，链路带宽的固定分离将导致过度利用和利用不足。理想情况下，如果我们可以实时地充分利用在线流量留下的可用带宽，则链路利用率将更加稳定。在这个例子中，大约有 18.75% 的带宽在那 2 天内被浪费了（却又导致了过度利用的情况）。

6.1.4　关键小结

本节的发现主要总结如下：

❑ DC 间组播占 DC 间流量的很大一部分，其源目的地具有很大的可变性，并且通常持续至少几十秒钟。

❑ 地理位置分散的 DC 之间可以广泛使用瓶颈不相交的覆盖路径。

❑ 依赖局部适应性的现有解决方案可能会导致性能欠佳，并对在线流量产生负面影响。

❑ 动态带宽分离可以通过充分利用在线服务的剩余带宽来帮助提高链路利用率。

6.2　系统概述

为了对延迟敏感流量进行动态分离来优化覆盖网络上的 DC 间组播，我们提出了

BDS+，这是一个完全集中式的近似最优网络系统，具有动态带宽分离功能，可用于DC间组播数据。在展示细节之前，我们首先重点介绍设计选择背后的直觉和实现背后的挑战。

集中控制 尽管由于缺乏全局视图或业务流程而导致性能不佳，广域覆盖网络的传统观点在某种程度上依赖于单个节点（或中继服务器）的局部适应性，来实现理想的可扩展性和对网络动态的响应（例如文献 [3, 6-8]）。相比之下，BDS+ 明确表示，完全集中控制广域覆盖网络是可行的，并且在 DC 间组播的设置上仍然可以获得近似最优的性能。BDS+ 的设计与集中管理大型分布式系统的其他工作（例如文献 [9]）一致。总的来说，BDS+ 使用一个集中控制器，定期从所有服务器获取信息（例如，数据交付状态），更新关于覆盖路由的决策，并将其推送给服务器上本地运行的代理（图 6.6）。请注意，当控制器发生故障或无法访问时，系统将退回到分散式控制方案以确保正常运行退化为局部适应（6.5.3 节）。

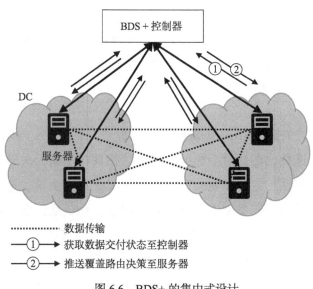

图 6.6 BDS+ 的集中式设计

我们的集中式设计是由以下几个经验观察驱动的：

1. 较大的决策空间：DC 间覆盖路径的数量庞大（随着充当覆盖节点的服务器数

量的增加呈指数增长）使得单个服务器难以仅基于本地测量探索所有可用的覆盖路径。相反，我们可以通过维护所有服务器的数据交付状态的全局视图和动态平衡各种数据块的可用性来显著提高覆盖组播的性能，这对于实现近似最优的性能是至关重要的（6.3.3 节）。

2. 大数据量：与持续时间在几毫秒到 10 秒的时间尺度上的延迟敏感流量不同，DC 间的组播在更大的时间尺度上持续。因此，BDS+ 可以容忍短暂的延迟（几秒），以便从集中控制器获得更好的路由决策，该集中控制器保持数据传输的全局视图并能够协调所有覆盖服务器。

3. 灵活的流量控制：BDS+ 可以通过在每次数据传输中设置限制速率来强制执行带宽分配，而每个服务器都可以使用 Linux Traffic Control（TC）来强制限制出入口带宽的使用。这使得 BDS+ 可以利用灵活的动态带宽分离。一旦检测到任何网络变化，BDS+ 就可以通过集中控制所有服务器的发送速率，轻松地调整每个数据传输的带宽（无论是在线流量突发时保留更多带宽，还是在线流量处于低谷时降低传输速率）（6.5.4 节）。

4. 较低的工程复杂性：从概念上讲，集中式架构将控制复杂性转移到集中控制器，使得 BDS+ 易于实现，在每个服务器上本地运行的控制逻辑可以是无状态的，并且仅在新数据单元或控制消息到达时触发。

实现集中控制的关键　BDS+ 的设计是一种折中，即以较小的更新延迟换取集中式系统所带来的近乎最优的决策。因此，实现这种良好平衡的关键是一种近似最优但有效的覆盖路由算法，它可以在接近实时的情况下更新决策。这个问题初步看来确实是棘手的，尤其是对于类似于百度这样的海量工作负载，集中式覆盖路由算法必须从 10^4 台服务器中为 10^5 个数据块选择下一跳。而且当通过这些服务器的可能覆盖路径的数量发生增长或考虑以更细粒度的块进行分区时，这种计算的规模会再次呈指数增长。使用标准的路由公式和线性规划求解器，通过探索如此大的决策空间来做出近似最优的解决方案可能是完全不现实的（6.6.2.4 节）。

实现动态带宽分离的关键　动态带宽分离提出了两个要求：一个要求是为延迟

敏感的在线流量保留足够的带宽，以避免对这些服务产生负面影响，另一个要求是充分利用剩余带宽，以减少批量数据传输的完成时间。使用传统的严格安全阈值和分散协议，在动态和混合部署的网络中不可能实现有效的带宽使用（6.6.3 节）。

下面两节将介绍 BDS+ 的工作方式。

6.3　近似最优的应用程序级覆盖网络

BDS+ 的核心是集中式决策算法，该算法定期、大规模、近实时地更新覆盖路由决策。BDS+ 通过将控制逻辑解耦为两个步骤（6.3.2 节），在解决方案的最优性和接近实时的更新之间取得了良好的平衡，这两个步骤为：覆盖调度，即要发送哪些数据块（6.3.3 节）；路由，即使用哪些路径发送数据块（6.3.4 节），每个数据块都可以在最佳路径上有效地、近乎最佳地传输。

6.3.1　基本公式

我们从构造覆盖流量工程的问题开始。表 6.2 给出了关键定义。

BDS+ 中的覆盖流量工程在时间和空间上都以细粒度运行。为了利用源和目标 DC 之间的多条覆盖路径，BDS+ 将每个数据文件分割成多个数据块（例如，2 MB）。为了应对网络条件的变化和请求的到达，BDS+ 每 ΔT 更新覆盖流量工程的决策（ΔT 默认值为 3s$^{\ominus}$）。

表 6.2　BDS+ 的决策逻辑中使用的符号

变量	含义
$\mathbb{B}$	所有任务的块的集合
b	块
$\rho(b)$	块 b 的大小
$\mathbb{P}_{s,s'}$	源和目标对之间的路径的集合

$\ominus$　之所以使用固定的时间间隔 3s，是因为在百度的大规模工作负载下，BDS+ 传输的数据量足够大，3s 已经能够适应典型的性能变化，而不会对批量数据传输的完成时间造成明显影响。更多细节见 6.6 节。

(续)

变量	含义
p	路径
l	路径上的链路
$c(l)$	链路 l 的容量
ΔT	调度周期
T_k	第 k 个更新周期
$w_{b,s}^{T_k}$	二元：是否在 T_k 中选择服务器 s 作为块 b 的目标服务器
$R_{\text{up}}(s)$	服务器 s 的上传容量
$R_{\text{down}}(s)$	服务器 s 的下载容量
$f_{b,p}^{T_k}$	在 T_k 中分配多少带宽来发送路径 p 上的块 b

现在，组播覆盖路由问题可以表述为：

输入 BDS+ 将以下参数作为输入：所有数据块的集合 $\mathbb{B}$，每个块 b 及其大小 $\rho(b)$，从服务器 s' 到 s 的路径集合 $\mathbb{P}_{s',s}$，更新周期间隔 ΔT，每个服务器 s 的上传（下载）容量 $R_{\text{up}}(s)$（$R_{\text{down}}(s)$）。注意，每条路径 p 包含几条链路 l，每条链路由一对服务器或路由器定义。我们使用 $c(l)$ 表示链路 l 的容量。

输出 对于每个周期 T_k、块 b、服务器 s 和目的地为 s 的路径 $p \in \mathbb{P}_{s',s}$，BDS+ 将二元组 $\langle w_{b,s}^{(T_k)}, f_{b,p}^{(T_k)} \rangle$ 作为输出返回，其中 $w_{b,s}^{(T_k)}$ 表示是否在 T_k 中选择服务器 s 作为块 b 的目标服务器，$f_{b,p}^{(T_k)}$ 表示在 T_k 中分配多少带宽来发送路径 p 上的块 b，$f_{b,p}^{(T_k)} = 0$ 表示在 T_k 中没有选择路径 p 来发送块 b。

约束条件

❑ 路径 p 上分配的带宽不得超过 p 中任何链路 l 的容量、源服务器的上传容量 $R_{\text{up}}(s)$ 以及目标服务器的下载容量 $R_{\text{down}}(s')$。

$$f_{b,p}^{(T_k)} \leqslant \min(\min_{l \in p} c(l), q_{b,s'}^{(T_k)} \cdot R_{\text{up}}(s'), w_{b,s}^{(T_k)} \cdot R_{\text{down}}(s)) \quad \forall b, p \in \mathbb{P}_{s',s} \tag{6.1}$$

其中 $q_{b,s}^{(T_k)} = 1 - \prod_{i<k}(1 - w_{b,s}^{(T_i)})$ 表示是否在周期 T_k 之前将服务器 s 选择为块 b 的目的地。

☐ 对于所有路径，一条链路的总分配带宽不应超过其容量 $c(l)$。

$$c(l) \geqslant \sum_{b \in \mathbb{B}} f_{b,p}^{(T_k)} \quad \forall l \in p \tag{6.2}$$

☐ 在每个周期中选择要发送的所有块必须在 ΔT 内完成其传输，即

$$\sum_{b \in \mathbb{B}} w_{b,s}^{(T_k)} \cdot \rho(b) \leqslant \sum_{p \in \mathbb{P}} \sum_{b \in \mathbb{B}} f_{b,p}^{(T_k)} \cdot \Delta T \quad \forall T_k \tag{6.3}$$

☐ 最后，所有块必须在所有循环结束时发送。

$$\sum_{b \in \mathbb{B}} \rho(b) \leqslant \sum_{k=1}^{N} \sum_{p \in \mathbb{P}} \sum_{b \in \mathbb{B}} f_{b,p}^{(T_k)} \tag{6.4}$$

目标 我们希望最小化传输所有数据块所需的周期数。也就是说，我们返回上述约束具有可行解的最小整数 N 作为输出。

不幸的是，这一提法在实践中难以实行，原因有二。第一，它是超线性的混合整数，因此计算开销随潜在源服务器和数据块的增加呈指数增长。第二，为了找到最小的整数 N，我们需要检查不同 N 值的问题的可行性。

6.3.2 解耦调度和路由

从宏观上讲，BDS+背后的关键思想是将上述公式分解为两个步骤：调度步骤，选择每个周期要传输的块子集（即 $w_{b,s}^{(T_k)}$）；路由步骤，选择路径并分配带宽来传输选定的块（即 $f_{b,s}^{(T_k)}$）。

这种调度与路由的解耦大大降低了集中控制器的计算开销。由于调度步骤选择了块的子集，并且在随后的路由步骤中只需考虑这些选择的块，因此大大减少了搜

索空间。在数学上，通过将调度步骤与问题公式分离，将路由步骤简化为一个混合整数 LP 问题，该问题虽然不能立即解决，但可以使用标准技术解决。接下来，我们将更详细地介绍每个步骤。

6.3.3 调度

调度步骤选择在每个周期中要传送的块的子集，即 $w_{b,s}^{(T_k)}$。

解决调度问题（选择块的子集）的关键是确保后续数据传输能够以最有效的方式进行。受 BitTorrent[10] 中"稀有优先"策略试图平衡块的可用性的启发，BDS+ 采用了一种简单而有效的数据块选择方法：对于每个周期，只是简单地选择具有最少重复数的块子集。换句话说，BDS+ 通过在每个周期中选择一组块而不是单个块的副本来改进稀有优先方法。

6.3.4 路由

在调度步骤选择了要在每个时隙（$w_{b,s}^{(T_k)}$）中传输的块集合之后，路由步骤决定路径并分配带宽来传输选定的块（即 $f_{b,s}^{(T_k)}$）。为了最小化传输完成时间，BDS+ 最大限度地提高了每个周期 T_k 中的吞吐量（传输的总数据量）。

$$\max \sum_{p \in \mathbb{P}} \sum_{b \in \mathbb{B}} f_{b,p}^{(T_k)} \qquad (6.5)$$

这当然是一个近似值，因为在一个周期内贪婪地最大化吞吐量可能会导致数据可用性不佳，并在下一周期内降低可达到的最大吞吐量。但是在实践中，我们发现这种近似可以导致相对于基线的显著性能提高，部分原因是上一小节描述的调度步骤自动平衡了块的可用性，因此在过去的周期中由贪婪路由决策导致的数据可用性不佳（例如，块的饥饿）很少发生。

式（6.5）加上 6.3.1 节的约束本质上是一个整数多商品流（MCF）问题，这个问题已被认定为是 NP 完全（NP-complete）的 [11]。为了使这个问题在实践中易于处理，标准近似值假设每个数据文件可以同时在源和目标之间的一组可能路径上无限地分割和传输。BDS+ 的实际路由步骤非常类似此近似值。BDS+ 也将数据分割成数万个细粒度数据块（虽然不是无穷小），并且可以通过 MCF 问题中常用的标准线性规划（LP）松弛有效地解决[12,13]。

但是，当无限小地分割任务时，块的数量会增加很多，计算时间也会变得过长而难以忍受。BDS+ 采取两种应对策略：将具有相同源和目标对的块进行分组，以减小问题的规模（详见 6.5.1 节）；使用改进的完全多项式时间近似方案（FPTAS）[14] 优化原问题的对偶问题并得出 ε 最优解。这两种策略进一步减少了集中式算法的运行时间。

6.4 动态带宽分离

BDS+ 在固定网络分离下表现良好，但是在混合部署情况下，在线流量和离线流量共享同一服务器 I/O，使得在线流量减少时，链路利用率较低。这是因为即使在线流量远低于预留带宽，批量数据传输也不会占用超过固定阈值的任何带宽（参见6.1.3 节）。

因此，我们进一步提出了具有动态带宽分离功能的 BDS+，通过不断预测在线流量并自动调整调度决策，实时调整批量数据传输的可用带宽，从而相应地充分利用网络带宽。具体来说，BDS+ 会在不同的网络条件下自动调整调度结果：当在线流量达到峰值，BDS+ 将避开其占用的带宽以避免拥塞；当在线流量遇到低谷，BDS+ 会积极使用更多带宽以充分利用剩余带宽。

为此，BDS+ 利用定制的在线流量预测算法，该算法可识别服务器带宽使用情况的变化，并触发重新调度以调整对批量数据传输的带宽分配。图 6.7 展示了 BDS+ 动态带宽分离的逻辑图。网络变化监控器读取代理观察值（bw_{in} 和 bw_{out}），并执行 k-sigma[15] 和变点检测算法[16] 的自定义组合。k-sigma 负责计算代理观测的平均值和标准偏差，变点检测则负责观察历史数据来检测突变点，以使代理监控器既稳定又灵敏。

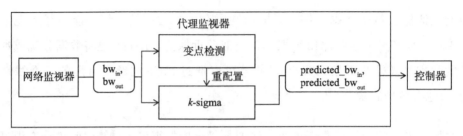

图 6.7　BDS+ 的动态带宽分离逻辑图

6.4.1　设计逻辑

为了检测在线流量变化并动态调整配置，有一些基本方法，例如指数加权移动平均（EWMA）控制方案 k-sigma[17,18]。但即使网络（统计上）是平稳的，此类方法有时也会导致连续重新配置（因为样本可能会在时间序列上变化）。因此，在预测可用带宽时会遇到一个权衡：当我们更加重视最新值作为参考时（即 k 较小），预测值将出现明显的振荡，会带来连续但不必要的重调度。当我们更重视历史值作为参考（即 k 较大）时，若突然检测到一个变化点，则预测值不会及时受到影响，导致系统对网络变化不敏感。

为了解决上述问题，BDS+ 将 k-sigma 与能够识别序列数据突变点的变点检测算法[16]相结合。这种算法同时提供了在线和离线处理方法：离线方法[19-22]需要全时间序列的完整数据才能从变点位置的后验分布中生成样本；在线方法[23-25]仅利用已经观测到的数据就可以生成下一个未观测数据的精确分布。在 BDS+ 中，我们设计了一个定制的滑动 k 算法。具体来说，我们为 EWMA 算法设置了上限 K：当没有变化点时，将 k 设置为 K；一旦检测到变化点，它将重置为 0，然后逐渐增加到 K。我们在网络变化监控器中实现了基于文献 [16] 的定制算法（代码可以在文献 [26] 中找到）。

6.4.2　集成到 BDS+

6.4.2.1　在线流量预测算法

在 BDS+ 的调度周期 T_k 中，网络变化监控器不断地与一系列服务器吞吐量（带宽使用情况）的代理观察数据进行反馈，这些数据用于预测下一个调度周期的可用带宽。为了获得带宽使用情况，网络变化监控器定期读取服务器上的进程活动监控器中的记录。对于特定的服务器，它们不断地记录处理活动（包括服务器吞吐量），并将采样的总吞吐量发送到网络变化监控器。通过这种方式，可以及时检测到批量数据下载过程中发生的任何网络变化。

6.4.2.2　动态带宽分离方法

当检测到一个变化时，网络变化监控器将这个变化和更新的可用带宽发送给控制器，从而触发 BDS+ 中的重调度，在下一个调度周期中对带宽进行调整。如表 6.3 所示，这种调整可以是双重的（假设在线流量变化的影响路径为 $\hat{P}$)：

表 6.3　BDS+ 根据在线流量预测进行动态调整

变化／调整	调度	路由
在线流量 ↑	$w_{b,s}^{(T_k)}$ −	$f_{b,p\in\hat{P}}^{(T_k)}$ ↓
在线流量 ↓	$w_{b,s}^{(T_k)}$ +	$f_{b,p\in\hat{P}}^{(T_k)}$ ↑

当总链路利用率超过预先配置的安全阈值（在6.1.3节的示例中为80%）时，BDS+ 将在调度和路由步骤中用以下两种方法来降低用于批量数据传输的带宽，以避免拥塞：取消一些在当前调度周期 ΔT 中被调度但尚未被传输的块；减小 T_k 中路径 $p\in\hat{P}$ 上块 b 的分配带宽 $f_{b,s}^{(T_k)}$。

当网络流量使用遇到低谷，使得链路利用率低于安全阈值时，BDS+ 会用以下两种方法在调度和路由步骤上积极占用更多带宽：传输一些在当前调度周期 ΔT 中没有被调度的附加块；增加 T_k 中路径 $p\in\hat{P}$ 上的块 b 的分配带宽 $f_{b,s}^{(T_k)}$，来充分利用在线流量预测算法检测到的剩余带宽。

6.5　系统设计

本节介绍 BDS+ 的系统设计和实现。

6.5.1 BDS+ 的集中控制

BDS+ 定期（默认情况下，每 3 秒）以集中方式更新路由和调度决策。图 6.8 概述了每个 3 秒周期的工作流程。

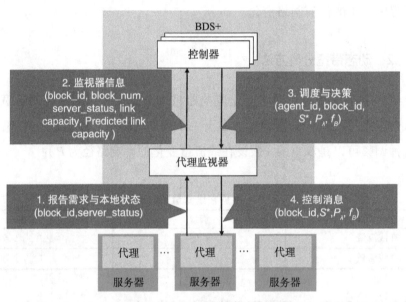

图 6.8　BDS+ 的集中控制界面

从代理开始，代理在每台服务器上本地运行，检查本地状态，包括数据块传送状态（哪些块已到达，哪些块未完成）、服务器可用性、磁盘故障等。然后，这些统计信息被包装在控制消息中，并通过称为代理监视器的有效消息传递层发送到集中式 BDS+ 控制器。BDS+ 控制器还从网络监视器接收网络级别的统计信息（延迟敏感流量消耗的带宽以及每个 DC 间链路的利用率）。BDS+ 控制器从所有代理和网络监视器收到更新后，将运行集中式决策算法（6.3 节）以制定新的调度和路由决策，并将新决策与上一个决策之间的差异通过代理监视器消息传递层连接到每个服务器的本地代理。最后，代理为每个数据传输分配带宽，并根据控制器的路由和调度决策执行实际的数据传输。

BDS+ 使用了两个额外的优化来提高工作流程的效率：

❑ 块合并。为了减少计算规模并实现更有效的传输，BDS+ 将具有相同源和目标的块合并到一个子任务中。合并的好处有两个：显著减少每个调度周期中待处理块的数量，从而降低集中决策逻辑的计算成本；减少服务器之间的并行 TCP 连接数，否则可能降低链接利用率并降低性能。

❑ 非阻塞的更新。为了避免被控制器的决策逻辑阻塞，当控制器运行集中决策逻辑时，每个本地代理保持正在进行的数据传输活动。类似地，当重新计算决策时，控制器通过推测数据交付状态的变化，并使用这些推测的数据交付状态作为集中逻辑的输入来考虑这一点。

6.5.2 BDS+ 的动态带宽分离

为了保证 DC 间的批量数据组播和延迟敏感流量之间的动态带宽分离，BDS+ 网络变化监控器检测每个 DC 间 / DC 内链路上所有延迟敏感流量的聚合带宽使用的任何变化，并相应地动态分配批量数据组播传输的带宽。为了保证延迟敏感数据流不受突发批量数据传输的负面影响，BDS+ 在流量预测算法中设计了滑动 k 算法来应对敏感的网络变化。换句话说，它更重视在线流量波动时的突然增加或减少（敏感），而当在线流量变化不大（稳定）时，它同时引用历史记录信息。

BDS+ 的动态带宽分离还利用了 BDS+ 的集中逻辑。传统的技术（如文献 [27]）在动态网络环境 [28] 存在的情况下，对延迟敏感的在线流量给予更高的优先级，仍然会造成带宽浪费或性能干扰。相反，BDS+ 可动态预测延迟敏感的应用程序的带宽使用情况，并由此计算可分配给 DC 间组播的剩余带宽。最后，请注意，BDS+ 是在应用程序级做的优化，因此对提高 WAN 性能和公平性的网络层技术而言是一种补充而非替代 [29-32]。

6.5.3 容错

接下来，我们描述 BDS+ 如何处理以下故障。

控制器故障：控制器的主从副本 [33] ——如果主控制器发生故障，则将选择另一个副本作为新控制器。如果所有控制器副本都不可用（例如，DC 和控制器之间的网络分区），则服务器中运行的代理将默认使用当前的分散式覆盖协议，以确保正常的性能下降。

服务器故障：如果服务器中的代理仍然能够工作，那么它将在下一个周期向代理监视器报告故障状态（例如，服务器崩溃、磁盘故障等）；否则，选择此服务器作为数据源的服务器将向代理监视器报告不可用性。无论哪种情况，控制器都将在下一个周期从潜在的数据源中删除该服务器。

DC 之间的网络分区：如果在 DC 之间进行网络分区，那么与控制器位于同一分区的 DC 将与以前一样工作，而位于其他分区的 DC 将退回到上述分散覆盖网络。

6.5.4 实施和部署

我们已经搭建了 BDS+，并将其部署在百度的 10 个地理位置分散的 DC 中的 67 台服务器上进行验证，验证系统使用 Go 语言编写了 3621 行代码[34]，下一节的评估将基于这种部署。

（出于可靠性考虑）在三个地理位置不同的 Zookeeper 服务器上复制了该控制器。代理监视器使用 `HTTP POST` 在控制器和服务器之间发送控制消息。BDS+ 使用 `wget` 进行每次数据传输并通过在每次数据传输中设置 `-limit-rate` 字段来执行带宽分配。在每台服务器中运行的代理使用 Linux 流量控制（`tc`）来强制限制 DC 间组播流量的总带宽使用量。

BDS+ 可以与任何 DC 间通信模式无缝集成。所有应用程序需要做的就是调用包含三个步骤的 API：提供源 DC、目标 DC、中间服务器以及指向批量数据的指针；在所有中间服务器上安装代理；设置数据传输的开始时间。然后，BDS+ 将在指定的时间开始数据分发。我们推测我们的实施方式也应适用于其他公司的 DC。

BDS+ 有几个参数，可以由百度的管理员设置，也可以根据评估结果进行经验设置。这些参数包括为延迟敏感流量预留的带宽（20%）、数据块大小（2 MB）和更新周期长度（3s）。

6.6　BDS+ 实验

通过结合使用百度 DC 中的试点部署、微基准测试和跟踪驱动的仿真，我们可以看到：

1. BDS+ 的 DC 间组播完成速度比百度现有解决方案以及行业中使用的其他基准速度快 3 ～ 5 倍（6.6.1 节）。

2. BDS+ 可以适应大型在线服务提供商的流量需求，承受各种故障情况，并达到近似最优的流完成时间（6.6.2 节）。

3. BDS+ 可以达到以下效果：通过动态带宽分离，将 DC 间组播的传输速度提升至原来的 1.2 到 1.3 倍；以约 95% 的准确率预测在线流量的带宽利用率；当在线流量较低时提高带宽利用率，同时降低在线流量突然爆发时的批量数据传输；以相对较低的计算开销实现近实时调度（6.6.3 节）。

6.6.1　BDS+ 与现有解决方案

6.6.1.1　方法论

基线　我们将 BDS+ 与三种现有解决方案进行了比较：Gingko（百度现有的分散式 DC 间组播策略），Bullet[35] 和 Akamai 的覆盖网络 [3]（一种组播直播视频的集中策略）。

试点部署　我们选择了几种具有不同数据大小的服务，并在百度默认解决方案 Gingko 的基础上分别对 BDS+ 进行了 A/B 测试。

跟踪驱动的仿真　作为对实际流量的试点部署的补充，我们还使用跟踪驱动的仿真来大规模评估 BDS+。我们使用与 BDS+ 相同的拓扑结构、服务器数量和链路容量来模拟其他两种覆盖组播技术，并按照与试验部署相同的时间顺序重播 DC 间的组播数据请求。

由于现有解决方案都是在可用带宽固定的情况下设计的，因此在本小节中，我们评估具有固定带宽分隔的名称的基本版本，以确保公平。名称的动态带宽分离的额外改进在 6.6.3 节中给出。

6.6.1.2 BDS+ 与 Gingko

我们首先在 BDS+ 和 Gingko 下传输同一个服务数据，该服务需要将 70TB 的数据从一个源 DC 分发到 10 个目标 DC。图 6.9a 显示了每个目标服务器上完成时间的累计分布函数（CDF）。我们可以看到 BDS+ 的中位完成时间是 35 分钟，是 Gingko 的 5 倍以上（Gingko 在大多数 DC 上花费 190 分钟才能获取完整数据）。

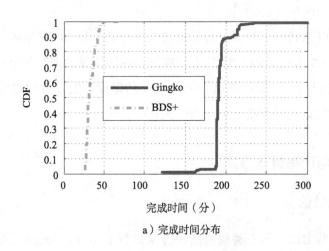

a）完成时间分布

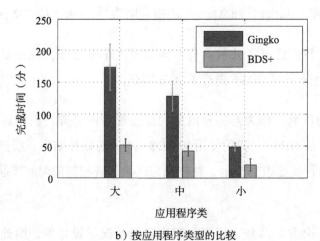

b）按应用程序类型的比较

图 6.9　BDS+ 与 Gingko 试点部署的结果比较

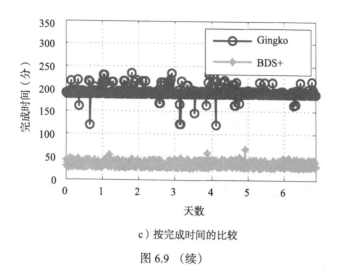

c）按完成时间的比较

图 6.9 （续）

为了进一步验证 BDS+ 的性能，我们选择了三个应用程序，它们的数据量分别为大、中、小，并在图 6.9b 中比较了 BDS+ 和 Gingko 的完成时间的平均值（和标准差）。我们看到 BDS+ 始终优于 Gingko，并且性能差异较小。我们还看到 BDS+ 在具有较大数据量的应用程序中有了更大的提升。最后，图 6.9c 显示了在一个随机选择的应用程序中 BDS+ 和 Gingko 的平均完成时间的时间序列，并且 BDS+ 的表现始终是 Gingko 的 4 倍。

6.6.1.3　BDS+ 与其他覆盖组播技术的对比

表 6.4 使用跟踪驱动的仿真，将 BDS+ 与 Bullet 和 Akamai 这两个基线进行了比较。我们展示了三种设置的结果。在基线评估中，我们将 1 TB 数据从一个 DC 发送到 11 个 DC，每个 DC 有 100 个服务器，上传和下载链接容量设置为 20MB。在大规模评估中，我们在相同的 DC 之间发送 10TB 的数据，每个 DC 有 1000 个服务器。在有速率限制的评估中，除了服务器上传和下载速率限制设置为 5 MB 外，与基线实验中的设置相同。我们看到，BDS+ 在基线设置下的完成速度是 Bullet 和 Akamai 的完成速度的 3 倍，在大规模和小规模带宽设置下是 Bullet 和 Akamai 的完成速度的 4 倍以上，这与 6.6.1.2 节的研究结果一致，即 BDS+ 在数据量较大的情况下有较大的性能提升。

表 6.4 跟踪驱动的仿真中三种解决方案的完成时间对比

解决方案	基线	大规模	速率限制
Bullet	28 分钟	82 分钟	171 分钟
Akamai	25 分钟	87 分钟	138 分钟
BDS+	9.41 分钟	20.33 分钟	38.25 分钟

6.6.2 微基准

接下来，我们使用微基准测试评估 BDS+ 的三个指标：集中控制的可伸缩性；容错能力；BDS+ 参数的最优性。

6.6.2.1 可伸缩性

控制器运行时间 由于控制器需要确定每个数据块的调度和路由，因此控制逻辑的运行时间自然随块的数量而定。图 6.10a 显示了运行时间作为总块数的函数。我们可以看到，集中式的 BDS+ 控制器可以在 800ms 内更新调度和路由决策，其中包含 10^6 个块。从数字上看，在百度的数据中心，同时存在的未处理数据块的最大数量约为 3×10^5，由此 BDS+ 可以在 300ms 内完成更新决策。

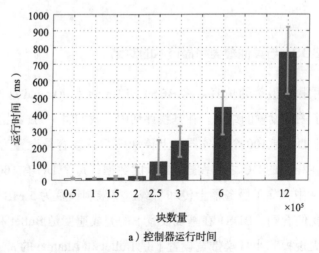

a）控制器运行时间

图 6.10 系统可伸缩性测量

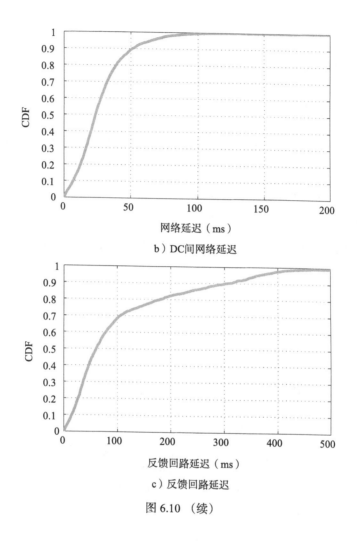

b）DC间网络延迟

c）反馈回路延迟

图 6.10 （续）

网络延迟 BDS+ 适用于 DC 间网络，因此 DC 间的网络延迟是算法更新过程中的一个关键因素。我们记录了 5000 个请求的网络延迟，并在图 6.10b 中给出了 CDF。我们可以看到，90% 的网络延迟都在 50ms 以下，其平均值约为 25ms，小于决策更新周期（3s）的 1%。

反馈回路延迟 对于集中式算法，较小的反馈回路延迟对于算法可伸缩性至关重要。在 BDS+ 中，此反馈循环包括几个过程：从代理到控制器的状态更新、集中式算法的运行以及从控制器回到代理的决策更新。我们测量了整个过程的延迟，如

图 6.10c 的 CDF 所示，发现在大多数情况下（超过 80%），反馈回路延迟小于
200ms。因此，可以证明 BDS+ 享有足够短的延迟，并且能够扩展到更大的系统。

6.6.2.2 容错能力

在这里，我们检查以下故障情况对每个周期下载的块数量的影响。在第 0 ~ 9
周期，BDS+ 照常工作，在第 10 周期设定一个代理失效，在第 20 周期控制器在发
生故障，并在第 30 周期恢复。图 6.11a 显示了每个周期的平均下载块数。我们发现，
代理故障的轻微影响仅持续一个周期，系统在第 11 周期恢复。当控制器不可用时，
BDS+ 将回退到默认的分散式覆盖协议，从而导致性能下降。随着控制器的恢复，性
能在第 30 周期恢复。

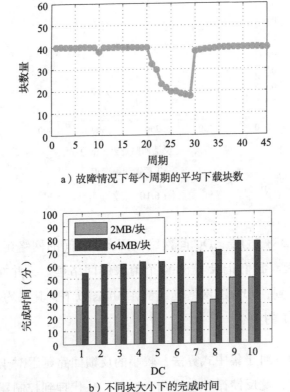

a）故障情况下每个周期的平均下载块数

b）不同块大小下的完成时间

图 6.11　BDS+ 的容错能力（a）、对不同块大小的敏感度（b）以及不同周期长度（c）

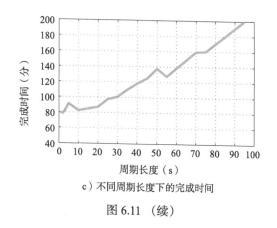

c）不同周期长度下的完成时间

图 6.11 （续）

6.6.2.3 选择关键参数的值

块大小 在 BDS+ 中，批量数据文件被拆分为多个块，并且可以在瓶颈不相交的路径上传输。但这在调度效率和计算开销之间进行了权衡，因此我们使用不同的块大小（2MB 和 64MB）进行了两个系列的实验。图 6.11b 显示，2MB/ 块场景的方案的完成时间比 64MB/ 块场景的方案的完成时间缩短了 30% ～ 50%。但是，这种优化会引入更长的控制器运行时间，如图 6.10a 所示。我们通过权衡以下两个因素来选择块大小：对完成时间的限制；控制器的操作开销。

更新周期长度 由于网络环境中的任何更改都可能会更改最佳的覆盖路由决策，因此 BDS+ 通过定期调整路由方案来应对不断变化的网络状况。为了测试调整频率，对于相同的批量数据传输，我们将周期长度设置为 0.5 ～ 95 s。图 6.11c 显示了完成时间，周期长度越短，则完成时间越短，但是当周期长度小于 3s 时，收益已经显著减少。这是因为更新过于频繁会在从代理到控制器的信息收集、集中式算法的执行以及新的 TCP 连接的重新建立等方面带来更大的开销。因此，考虑到调整粒度和相应的开销，我们最终选择 3s 作为默认周期长度。

6.6.2.4 深度分析

优化算法运行时间 BDS+ 将调度和路由解耦，可以大大降低计算复杂性。为了清楚地显示优化,我们在 BDS+ 和标准 LP 解决方案下测量算法的运行时间。对于标准 LP 实验,我们使用 MATLAB[36] 的 linprog 库,如果算法未收敛,则设置迭代次数的上限(10^6),并将 CPU 时间记录为块数量的函数。由图 6.12a 可以看出,BDS+ 的运行时间保持在 25 ms 以下,而标准 LP 的运行时间仅在 4000 个块的情况下就迅速增长到 4s。可见,BDS+ 比现成的 LP 求解器要快得多。

BDS+ 的近似最优 为了测量近似最优性,我们评估了标准 LP 和 BDS+ 下的数据传输完成时间:2 个 DC、4 个服务器以及 20 MB/s 的服务器上载 / 下载速率。我们将块的数量从 1 变化到 4000,因为超过这个数量,LP 求解器无法在可接受的时间内完成处理。图 6.12a 显示了 BDS+ 的近似最优性。

不相交覆盖路径的好处 6.1.2 节揭示了应用程序级覆盖网络中不相交路径的好处。为了探究并剖析这种优势,我们记录了从原始源下载的块数占块总数的比例,CDF 如图 6.12c 所示。对于大约 90% 的服务器,该比例不到 20%,这意味着从不相交路径上的其他 DC 下载了 80% 以上的块,这表明了组播覆盖网络的巨大潜力。

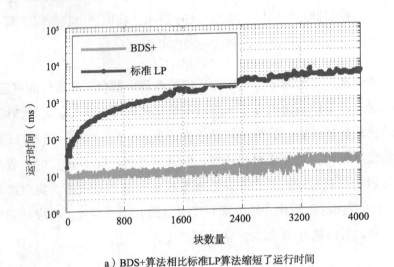

a)BDS+算法相比标准LP算法缩短了运行时间

图 6.12　深入分析减少算法运行时间(a)、近似最优性(b)以及覆盖传输的影响(c)

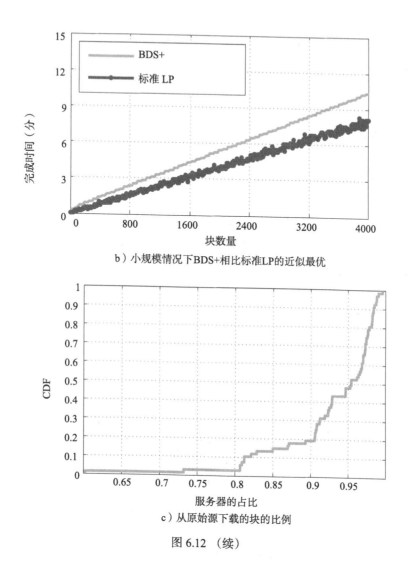

b）小规模情况下BDS+相比标准LP的近似最优

c）从原始源下载的块的比例

图 6.12 （续）

6.6.3　BDS+ 的动态带宽分离

　　由于现有解决方案会根据峰值（例如 20%）为在线流量预留一定量的带宽，而实际跟踪表明，在线流量很少会达到该峰值，并且在大多数情况下始终低于该峰值。因此，BDS+ 利用在线流量和离线流量之间的动态带宽分离，允许离线流量（批量数据传输）在在线流量低于阈值时使用更多带宽。BDS+ 通过设计一种在线流量预测算法来实现这一目标，本节展示通过动态带宽分离提高性能的结果。为了便于描述，我们将没有动态带宽分离的基本版本命名为 BDS，将带有动态带宽分离的版本命名为 BDS+。

在以下实验中，我们从 1 个 DC 向 11 个 DC 发送 1 TB 的数据，每个 DC 具有 100 个服务器，并且上载和下载链接容量设置为 20MB，与之前的实验相同。根据 Ali[37] 的群集跟踪（machine_usage）设置在线流量。

6.6.3.1 对 BDS+ 的进一步改进

完成时间 我们在 2019 年 1 月 27 日 23:00 开始批量数据传输。图 6.13a 显示了每个目标服务器上完成时间的 CDF。我们可以看到，BDS+ 的平均完成时间为 150ms，而 BDS 的平均完成时间超过 200ms。

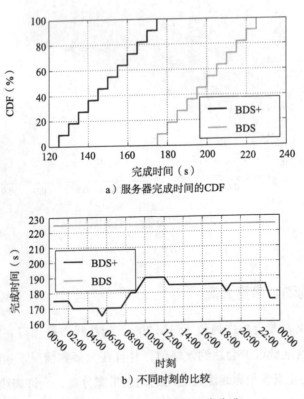

a）服务器完成时间的CDF

b）不同时刻的比较

图 6.13 来自 BDS+ 的进一步改进

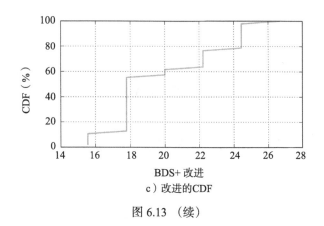

c）改进的CDF

图 6.13　（续）

BDS+ 的改进　为了使结果更通用，我们进一步在不同时间段（即每 30 分钟）进行一系列实验。我们比较了 BDS 和 BDS+ 的完成时间，并在图 6.13b 中显示了结果。我们可以看到 BDS+ 的改进会随着时间而变化；具体来说，午夜时分的改进要远远高于白天，特别是在在线流量处于低谷的 05:30。这些结果表明 BDS+ 可以充分利用在线流量未使用的空闲带宽。总体而言，改进的 CDF 如图 6.13c 所示，这意味着 BDS+ 在超过 85% 的情况下可以带来至少 18% 的改进。

6.6.3.2　BDS+ 的预测算法

BDS+ 的改进主要来自对在线流量的预测，因此在本小节，我们评估预测算法的准确率，然后分析实现此类改进所产生的开销。

算法准确率　根据 Ali [37] 的群集跟踪（machine_usage）设置在线流量。实际剩余带宽（服务器 I/O 与在线流量之间的差异）在图 6.14a 中以深色显示，预测值以浅色显示（归一化至 100）。如我们所见，浅色线平滑且非常接近实际带宽，表明 BDS+ 可以准确预测在线流量。精确的统计数据如图 6.14b 所示，它表明约 99% 的预测准确率大于 92%。仅在 1.6% 的情况下，BDS+ 通过给出更高的预测值（x 轴低于零）显示出一点攻击性。综上所述，BDS+ 不仅可以提高在线流量处于低谷时的带宽利用率，还可以减少批量数据传输引起的干扰事件。

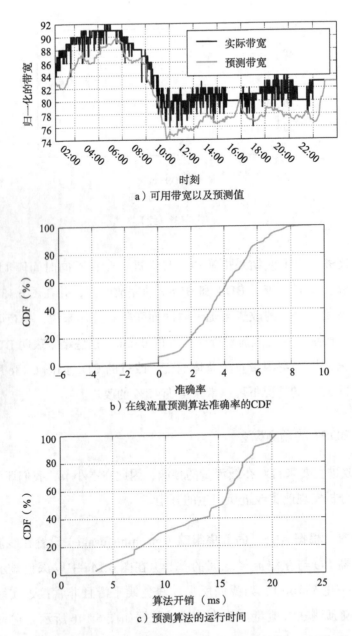

a）可用带宽以及预测值

b）在线流量预测算法准确率的CDF

c）预测算法的运行时间

图 6.14 对预测值（a）、算法准确率（b）以及运行时间（c）的评估

算法开销　虽然 BDS+ 通过充分利用剩余带宽来提高性能，但它引入了一个额

外的算法，从而带来了一些开销。因此，在这里我们评估了对在线流量进行预测所花费的额外时间。图 6.14c 显示了完成批量数据传输期间的运行时间。我们可以看到，在超过 97% 的情况下，BDS+ 需要不到 20ms 的时间进行预测。更重要的是，这种开销不会随着系统规模的增加而增加，因为每个服务器上的预测是相互独立的，因此可以同时执行。

在上述所有实验的总结中，具有固定带宽间隔的 BDS+ 的原型试验部署和跟踪驱动的仿真均显示，与现有解决方案相比，其将速度提高至原来的 3 ～ 5 倍，并且具有良好的可伸缩性、可靠性以及近似最优的调度结果，而具有动态带宽分离的 BDS+ 进一步将速度提高至 1.2 到 1.3 倍，从而与时变的在线流量保持协调。

6.7　总结

DC 间组播对于全球范围的在线服务提供商的性能至关重要，但是以往致力于优化 WAN 性能的工作还不够。本章介绍了 BDS+，它是一种具有动态带宽分离功能的应用程序级组播覆盖网络，可极大地提高 DC 间批量数据组播的性能。BDS+ 不仅展示了完全集中的组播覆盖网络的可行性和实践优势，即解耦调度与路由来实现选择覆盖路径并以近似最优但有效的方式调度数据传输，而且通过动态地分离在线和离线流量，形成灵活的边界，从而展示出了进一步的改进。我们认为 BDS+ 中组播覆盖网络的提升潜力、加快执行的集中式算法，以及动态带宽预测的方案，可以推广到其他需要在开销和效率之间取得平衡的控制场景。

附录

假设我们要向 m 个目标 DC 发送 N 个数据块。在不失一般性的情况下，我们考虑两种情况：

☐ A（平衡）：N 个块中的每个块都有 k 个重复项。

❑ B（不平衡）：一半的块每个都有 k_1 个副本，另一半的块每个都有 k_2 个副本，并且 $k_1<k_2$，$(k_1+k_2)/2=k$。

注意，$m>k$，否则组播已完成。接下来，我们证明在简化的设置中，BDS+ 在场景 A 中的完成时间严格小于场景 B 中的完成时间。

为了简化 BDS+ 的计算，我们现在做一些假设（对我们的结论而言并不重要）：所有服务器具有相同的上传（下载）带宽 R_{up}（resp.R_{down}）；没有两个副本共享相同的源（目标）服务器，因此上传（下载）每个块的带宽是 R_{up}（resp.R_{down}）。现在，我们可以在两种情况下计算完成时间，如下所示：

$$
t_A = \frac{V}{\min\left\{c(l), \frac{kR_{up}}{m-k}, \frac{kR_{down}}{m-k}\right\}}
$$

$$
t_B = \frac{V}{\min\left\{c(l), \frac{k_1R_{up}}{m-k_1}, \frac{k_2R_{up}}{m-k_2}, \frac{k_1R_{down}}{m-k_1}, \frac{k_2R_{down}}{m-k_2}\right\}}
\tag{6.6}
$$

其中 V 表示未传输块的总大小，$V = N(m-k)\rho(b) = \frac{N}{2}(m-k_1)\rho(b) + \frac{N}{2}(m-k_2)\rho(b)$。在百度的传输系统中，DC 间链路容量 $c(l)$ 比单个服务器的上载/下载容量高几个数量级，因此我们可以安全地将 $c(l)$ 从等式的分母中排除。最后，如果 $\min\{R_{up}, R_{down}\}=R$，则 $t_A = \frac{(m-k)V}{kR}$ 且 $t_B = \frac{(m-k_1)V}{k_1R}$。

我们可以证明 $\frac{(m-k)V}{kR}$ 是 k 的单调递减函数：

$$
\frac{d}{dk}\frac{(m-k)V}{kP} = \frac{d}{dk}\frac{(m-k)^2 N\rho(b)}{kR} = \frac{N\rho(b)}{R}\left(1-\frac{m^2}{k^2}\right) < 0
\tag{6.7}
$$

由于 $k > k_1$，所以可得 $t_A < t_B$。

参考文献

1. Chu, Y.-H., Rao, S.G., Zhang, H.: A case for end system multicast. ACM SIGMETRICS Perform. Eval. Rev. **28**(1), 1–12 (2000). ACM, New York
2. Datta, A.K., Sen, R.K.: 1-approximation algorithm for bottleneck disjoint path matching. Inf. Process. Lett. **55**(1), 41–44 (1995)
3. Andreev, K., Maggs, B.M., Meyerson, A., Sitaraman, R.K.: Designing overlay multicast networks for streaming. In: Proceedings of the Fifteenth Annual ACM Symposium on Parallel Algorithms and Architectures, pp. 149–158 (2003)
4. Sripanidkulchai, K., Maggs, B., Zhang, H.: An analysis of live streaming workloads on the internet. In: IMC, pp. 41–54. ACM (2004)
5. Zhang, X., Liu, J., Li, B., Yum, Y.-S.: CoolStreaming/DONet: a data-driven overlay network for peer-to-peer live media streaming. In: INFOCOM, vol. 3, pp. 2102–2111. IEEE (2005)
6. Huang, T.Y., Johari, R., Mckeown, N., Trunnell, M., Watson, M.: A buffer-based approach to rate adaptation: evidence from a large video streaming service. In: SIGCOMM, pp. 187–198 (2014)
7. Repantis, T., Smith, S., Smith, S., Wein, J.: Scaling a monitoring infrastructure for the Akamai network. ACM SIGOPS Oper. Syst. Rev. **44**(3), 20–26 (2010)
8. Mukerjee, M.K., Hong, J., Jiang, J., Naylor, D., Han, D., Seshan, S., Zhang, H.: Enabling near real-time central control for live video delivery in CDNS. ACM SIGCOMM Comput. Commun. Rev. **44**(4), 343–344 (2014). ACM
9. Gog, I., Schwarzkopf, M., Gleave, A., Watson, R.N.M., Hand, S.: Firmament: Fast, Centralized Cluster Scheduling at Scale. In: OSDI, pp. 99–115. USENIX Association, Savannah (2016). [Online]. Available: https://www.usenix.org/conference/osdi16/technical-sessions/presentation/gog
10. Cohen, B.: Incentives build robustness in bittorrent. In: Proceedings of the First Workshop on the Economics of Peer-to-Peer Systems, pp. 1–1 (2003)
11. Garg, N., Vazirani, V.V., Yannakakis, M.: Primal-dual approximation algorithms for integral flow and multicut in trees. Algorithmica **18**(1):3–20 (1997)
12. Garg, N., Koenemann, J.: Faster and simpler algorithms for multicommodity flow and other fractional packing problems. SIAM J. Comput. **37**(2):630–652 (2007)
13. Reed, M.J.: Traffic engineering for information-centric networks. In: IEEE ICC, pp. 2660–2665 (2012)
14. Fleischer, L.K.: Approximating fractional multicommodity flow independent of the number of commodities. In: SIDMA, pp. 505–520 (2000)
15. Friedrich and Pukelsheim: The three sigma rule. Am. Stat. **48**(2):88–91 (1994) [Online]. Available: https://www.tandfonline.com/doi/abs/10.1080/00031305.1994.10476030
16. Adams, R.P., MacKay, D.J.: Bayesian online changepoint detection. arXiv preprint :0710.3742 (2007)
17. Roberts, S.: Control chart tests based on geometric moving averages. Technometrics **1**(3):239–250 (1959)
18. Lucas, J.M., Saccucci, M.S.: Exponentially weighted moving average control schemes: properties and enhancements. Technometrics **32**(1):1–12 (1990)
19. Smith, A.: A Bayesian approach to inference about a change-point in a sequence of random variables. Biometrika **62**(2):407–416 (1975)
20. Stephens, D.: Bayesian retrospective multiple-changepoint identification. Appl. Stat. **43**, 159–178 (1994)
21. Barry, D., Hartigan, J.A.: A Bayesian analysis for change point problems. J. Am. Stat. Assoc.

88(421):309–319 (1993)

22. Green, P.J.: Reversible jump markov chain monte carlo computation and bayesian model determination. Biometrika **82**(4):711–732 (1995)

23. Page, E.: A test for a change in a parameter occurring at an unknown point. Biometrika **42**(3/4):523–527 (1955)

24. Desobry, F., Davy, M., Doncarli, C.: An online kernel change detection algorithm. IEEE Trans. Signal Process. **53**(8):2961–2974 (2005)

25. Lorden, G., et al.: Procedures for reacting to a change in distribution. Ann. Math. Stat. **42**(6):1897–1908 (1971)

26. Bayesian changepoint detection. https://github.com/dtolpin/bocd

27. Kumar, A., Jain, S., Naik, U., Raghuraman, A., Kasinadhuni, N., Zermeno, E.C., Gunn, C.S., Björn Carlin, J.A., Amarandei-Stavila, M., et al.: BwE: flexible, hierarchical bandwidth allocation for WAN distributed computing. In: ACM SIGCOMM, pp. 1–14 (2015)

28. Wang, H., Li, T., Shea, R., Ma, X., Wang, F., Liu, J., Xu, K.: Toward cloud-based distributed interactive applications: measurement, modeling, and analysis. In: IEEE/ACM ToN (2017)

29. Chen, Y., Alspaugh, S., Katz, R.H.: Design insights for MapReduce from diverse production workloads. University of California, Berkeley, Department of Electrical Engineering & Computer Sciences, Technical Report (2012)

30. Kavulya, S., Tan, J., Gandhi, R., Narasimhan, P.: An analysis of traces from a production mapreduce cluster. In: CCGrid, pp. 94–103. IEEE (2010)

31. Mishra, A.K., Hellerstein, J.L., Cirne, W., Das, C.R.: Towards characterizing cloud backend workloads: insights from Google compute clusters. ACM SIGMETRICS PER **37**(4):34–41 (2010)

32. Reiss, C., Tumanov, A., Ganger, G.R., Katz, R.H., Kozuch, M.A.: Heterogeneity and dynamicity of clouds at scale: Google trace analysis. In: Proceedings of the Third ACM Symposium on Cloud Computing, p. 7. ACM (2012)

33. Lamport, L.: The part-time parliament. ACM TOCS **16**(2):133–169 (1998)

34. The go programming language: https://golang.org

35. Kostić, D., Rodriguez, A., Albrecht, J., Vahdat, A.: Bullet: high bandwidth data dissemination using an overlay mesh. ACM SOSP **37**(5), 282–297 (2003). ACM

36. Solve linear programming problems – matlab linprog: https://cn.mathworks.com/help/optim/ug/linprog.html?s_tid=srchtitle

37. cluster-trace-v2018 from ali: https://github.com/alibaba/clusterdata/blob/v2018/cluster-trace-v2018/trace_2018.md

第 7 章 *Chapter 7*

边缘存储问题

摘要　近年来，短视频流量在内容分发网络（Content Delivery Network，CDN）中迅速增长。虽然视频作者从大型视频工作室转变为分布式的普通终端用户，导致终端流量呈现爆炸式增长，但边缘计算有能力满足来自短视频网络的海量缓存需求。然而，分布式边缘缓存也暴露出一些区别于传统网络而独有的特点和难点，例如非平稳用户访问模式和视频的时空流行模式等，从而严重挑战了边缘缓存的性能。这些特点导致传统 CDN 中原有提高用户体验质量的方案在解决边缘存储问题时变得无效。因此，在本章，我们介绍了一个用于短视频网络的分布式边缘缓存系统 AutoSight，它极大地提高了边缘缓存的性能。AutoSight 主要由两个部件组成，分别解决上述两个挑战：预测器 CoStore，通过分析视频之间复杂的相关性，解决了局部访问模式非平稳性和不可预测性的问题；缓存引擎 Viewfinder，根据视频的生命周期自动调整未来预测的视野，解决视频的时空流行问题。所有这些方案以及实验都是基于超过 2800 万个视频的 1 亿多次访问量的真实数据（来自 33 个城市的 488 台服务器）。实验结果表明，在短视频网络中，AutoSight 技术给分布式边缘缓存的效率带来了显著的提高。

7.1　简介

我们首先描述短视频网络的特点，说明短视频网络与传统 CDN 中的内容的本质区别，然后阐述现有方案的局限性，并从真实的数据中吸取经验，为 AutoSight 的设计提供参考。其中的研究结果基于快手缓存网络在 2018 年 10 月 9 日至 2018 年 10 月 12 日的 4 天内收集的真实数据集。

7.1.1　短视频网络边缘缓存的特点

短视频平台允许用户上传数秒（通常在 15 秒内）的视频到网络[1-6]，这种内容上传和访问的便利性引发了网络工作方式和视频缓存方式的一场革命[7-12]，在用户访问和视频流行双方面形成了完全不同的模式。

非平稳用户访问模式　图 7.1 显示了两个具有代表性的视频 v_1 和 v_2 的请求数量，从图中可以看出用户访问模式的非平稳性（突然增加和减少）。在初始的 2 分钟内，v_1 接收到的请求变少，v_2 接收到的请求变多，但是访问模式在第 2 分钟发生了逆转（v_1 上的请求暴增，v_2 上的请求却显著减少）。在第 5 分钟也有一个类似的逆转。在短视频平台内，类似这种访问模式突变或逆转的情况十分普遍，由此可以得出结论：由于访问模式的非平稳性，所以过去的视频流度不能代表该视频的未来流行度。

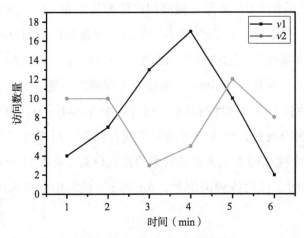

图 7.1　用户的非平稳访问模式

视频的时空流行模式　图 7.2 显示了来自边缘服务器的 2 个视频在不同时间段的生命周期，它们之间存在着显著差异。该图描绘了不同的时间段内的视频生命周期的变化。与此类似，在空间方面，位于不同地理位置的边缘服务器上的视频生命周期也显现出了不同的变化。这意味着在时间和空间两个维度上，视频过期的速度都是不同的，这一发现表明，传统缓存算法中对"未来"流行度的衡量对于"未来"的定义在很大程度上不够明确，需要在不同的时间和空间维度设计不同的考虑时长，也即为缓存引擎设计适合的未来视野（未来视野长度的自动调整见 7.2.3 节的 Viewfinder）。

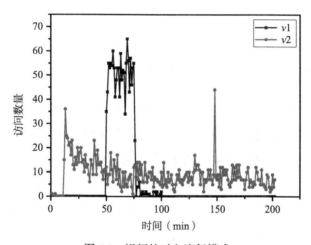

图 7.2　视频的时空流行模式

7.1.2　现有解决方案的局限性

现有的传统缓存技术大致可以分为被动缓存策略与主动缓存策略两个方向，但在短视频网络中实现缓存改进具有一定的复杂性，这是由于上述两个短视频网络的特点导致原有传统方法效率低下。下面将对此进行描述。

被动缓存策略　最具代表性的启发式被动策略是 FIFO、LRU 和 LFU，这种策略在非平稳访问模式下变得低效 [13-17]。在如图 7.1 所示的情况下，如果在 LRU 和 LFU 下都有新的视频请求，那么由于 v_1 在前 2 分钟的使用频率和最近的使用频率都较低，

v_1 将在第 2 分钟被剔出缓存。但是，正如我们在 7.1.1 节所指出的，由于非平稳访问模式，过去的视频流行度并不能代表未来的流行度，v_1 很可能在下一时隙中得到更多的请求，因此在第 2 分钟弹出的视频应该是 v_2。

重要观测结果 1：非平稳访问模式使启发式被动缓存策略无效。

主动缓存策略 现有的基于学习的主动缓存策略总是以一个固定的未来时间长度来预测视频流行度，例如，设置固定的未来考虑时间窗口 Δ_t，在这个时间段内对视频流行度进行预测，其输出为 k 个视频的未来流行度序列，其中 k 是需要预测流行度的视频数量。在本书中，我们把这个时段长度 Δ_t 命名为未来视野。

定义 7.1 **未来视野** 在计算视频流行度时考虑的未来时间长度Δt，在这段时间内，预测的视频流行度可以代表当前视频的流行度。

如果新视频的预测流行度高于已经缓存的视频的预测流行度，则会进行替换。传统替换方法采用的都是固定的 Δ_t，但是在短视频网络场景中，不同边缘服务器以及不同时间段内，短视频的生命周期均存在显著差异，不存在"一刀切"的情况，因此将未来视野 Δ_t 设置为固定数值显然是不合理的。如图 7.2 所示，如果将未来视野 Δ_t 设置为 2 小时，那么即使通过这些缓存策略获得 100% 的预测准确率，在第 50 分钟被剔除的仍然是 v_1 而不是 v_2，因为在接下来的 2 小时 v_1 的预测流行度小于 v_2。但事实上，在不久的将来（更小的未来视野 Δ_t）来说，v_1 比 v_2 更受欢迎，理应首先剔除 v_2 而不是 v_1，之后再次缓存 v_2。

重要观测结果 2：在不同的边缘服务器和不同的时间段内，视频的时空流行模式使得固定视野的主动缓存策略无效。

7.2 AutoSight 设计

AutoSight 的核心是一个使边缘服务器具有自适应调节缓存视野的分布式缓存算法。AutoSight 主要有两个组件：名为 CoStore 的相关性分析器，通过分析视频相关性解决短视频非平稳的访问模式问题；名为 Viewfinder 的缓存引擎，通过自动调整未来视野以适应不同时间段不同边缘缓存服务器的视频生命周期不稳定的情况，来解决时空流行度模型问题。

7.2.1　系统概述

AutoSight 利用分布式边缘缓存服务器处理用户非平稳访问模式和视频时空流行模式，从而在短视频网络的设置中显著提高缓存命中率。AutoSight 使用一个基于关联的预测器，通过实时分析视频的交叉访问来预测视频被请求的次数，并使用一个具有自适应未来视野的缓存引擎做出缓存决策。AutoSight 的框架如图 7.3 所示。

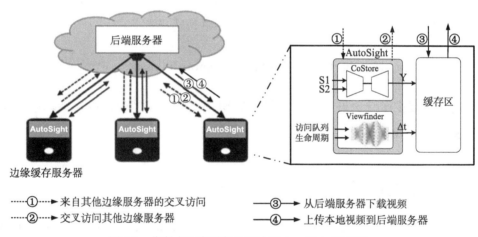

图 7.3　分布式边缘缓存的设计和 AutoSight 架构图

7.2.2　基于关联的预测器：CoStore

对于短视频网络中的特定视频，虽然其自身的历史访问模式是非平稳的，但与其他视频的相关性可以为准确预测提供很大的空间[18]。在衡量视频之间的相关性时，灵感来自长短期记忆（LSTM）网络，其已经在自然语言处理（NLP）、机器翻译和序列预测中展现了很大潜力。CoStore 建立在 LSTM 之上，不仅将视频访问特征作为输入，并且将视频相关性也一同作为输入，然后在给定的未来视野（7.2.3 节）范围内预测未来请求数量。具体来说，在计算 t 时刻视频 v_i 的未来访问次数时，其输入由两组访问序列组成：$S_1 = \{r_{v_i}^1, r_{v_i}^2, \cdots, r_{v_i}^t\}$ 和 $S_2 = \{r_{v_j}^1, r_{v_j}^2, \cdots, r_{v_j}^t\}$ ，其中 $r_{v_i}^k$ 为 k 时刻 v_i 的访问请求数， v_j 为在 t 时刻与 v_i 关系最密切的视频，即 S_2 考虑的是与 v_i 相关的其他视频的流行度。CoStore 的输出是未来视野 Δ_t 中短视频 v_i 的期望请求数。

7.2.3 缓存引擎：Viewfinder

如图 7.2 所示，边缘缓存服务器中的视频在时间和空间维度均具有不同的视频流行模式。回想一下 7.1.2 节所示的情况，不合适的未来视野 Δ_t（太短视或太长远）总会导致低效甚至错误的缓存决策。因此我们设计了可以自动调节未来视野的 Viewfinder。此时面临的挑战是有太多的选项需要探索（以秒 / 分的近似实时的时间粒度），这将为计算带来不可接受的开销。然而本章提出的 Viewfinder 将这种探索变成了一个分类问题，即从一个预定义的集合中进行选择：

$$\Delta_T = \{60\text{min}, 120\text{min}, 160\text{min}, 180\text{min}, 200\text{min}, 360\text{min}\}$$

这大大减少了计算开销。实验结果表明，视频过期越快，缓存策略应该越短。实验表明 Viewfinder 在边缘缓存服务器上运行良好。

7.3 AutoSight 实验

在本节，我们将使用真实的数据评估 AutoSight 系统，分别展示使用 AutoSight 和其他现有代表性策略的对比结果。

7.3.1 实验设置

算法　我们比较了 AutoSight 与 4 种现有的解决方案，即 FIFO、LRU、LFU 和基于 LSTM 但没有自动调整未来视野的预测方案。

数据集　我们分析了 2 个城市 24 小时内的 132 722 个视频的 1 128 989 次访问数据。每一条数据包含时间戳、匿名的源 IP、视频 ID 和 URL、文件大小、位置、服务器 ID、缓存状态和消耗的时间。如此一来，我们可以部署和评估不同的缓存策略。

7.3.2　性能对比

我们首先提供这两个城市的数据集介绍和分析，然后比较 5 种不同的缓存策略在边缘服务器上的总体命中率，最后验证提出的 AutoSight 并展示自动调整未来视野的 Viewfinder 的优势。

数据集的分析　图 7.4a 显示了特定边缘服务器 24 小时内每分钟的访问次数，这表明每分钟请求的视频数量在 20:00 ～ 21:00 比在午夜更高。图 7.4b 分别显示了在以上两个时间段内的两个典型视频的受欢迎程度。v_1 是 20:00 ～ 21:00 的热门视频，其过期的速度比午夜的相对热门的 v_2 要快，体现了视频流行模式在时间维度上的差异。

Viewfinder 的优势　为了使用自动调整的未来视野图评估缓存引擎 Viewfinder 的效果，我们统计了 Viewfinder 在固定的不同未来视野 Δ_t 下的缓存命中率，如图 7.5a 所示。各时段的最优值随时间的变化而变化，即在视频寿命较长的深夜，Viewfinder 会出现远视现象，而在视频寿命较短的休闲时间（如 20:00 ～ 21:00），Viewfinder 会出现近视现象。这些结果进一步强调了具有自适应未来视野的 Viewfinder 的必要性。

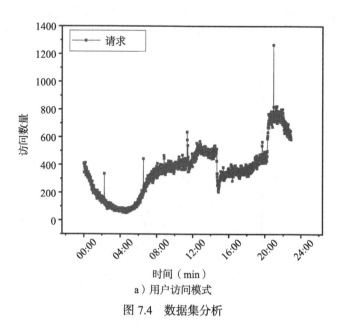

a）用户访问模式

图 7.4　数据集分析

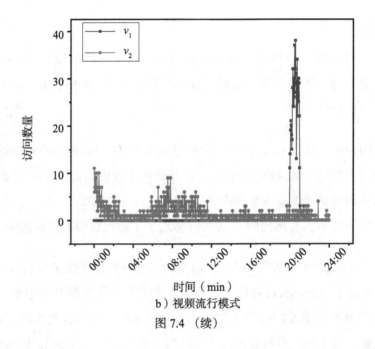

时间（min）

b）视频流行模式

图 7.4 （续）

总体缓存命中率　正如 7.1.2 节所分析的，非平稳访问模式会降低被动缓存策略的效率，而时空视频流行模式也会使基于固定未来视野的学习策略失效。图 7.5b 显示了应用这 5 种策略的总体缓存命中率。可以看出，AutoSight 的性能优于其他几种算法。

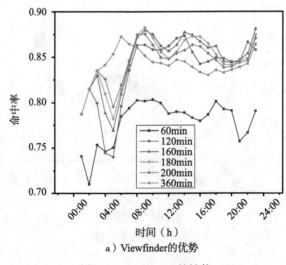

时间（h）

a）Viewfinder的优势

图 7.5　Viewfinder 的性能

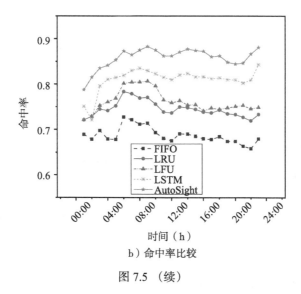

b）命中率比较

图 7.5 （续）

7.4 总结

在这一章，我们深入分析了快手数据集，并研究了短视频网络的边缘缓存性能。我们首先揭示了边缘缓存场景区别于传统内容分发网络下的用户非平稳访问模式和视频时空流行模式的两大特点，并通过两个实例说明了现有缓存策略的无效性。在此基础上，本章设计了基于 CoStore 和 Viewfinder 的分布式短视频网络边缘缓存系统——AutoSight。结果表明，在边缘缓存服务器中使用 AutoSight 的缓存性能显著地优于现有的其他算法。

参考文献

1. Lorden, G., et al.: Procedures for reacting to a change in distribution. Ann. Math. Stat. **42**(6), 1897–1908 (1971)
2. Desobry, F., Davy, M., Doncarli, C.: An online kernel change detection algorithm. IEEE Trans. Signal Process. **53**(8), 2961–2974 (2005)
3. Page, E.: A test for a change in a parameter occurring at an unknown point. Biometrika **42**(3/4), 523–527 (1955)
4. Adams, R.P., MacKay, D.J.: Bayesian online changepoint detection. arXiv preprint :0710.3742

(2007)

5. Lucas, J.M., Saccucci, M.S.: Exponentially weighted moving average control schemes: properties and enhancements. Technometrics **32**(1), 1–12 (1990)

6. Roberts, S.: Control chart tests based on geometric moving averages. Technometrics **1**(3), 239–250 (1959)

7. Ferragut, A., Rodríguez, I., Paganini, F.: Optimizing TTL caches under heavy-tailed demands. ACM SIGMETRICS Perform. Eval. Rev. **44**(1), 101–112 (2016). ACM

8. Berger, D.S., Gland, P., Singla, S., Ciucu, F.: Exact analysis of TTL cache networks: the case of caching policies driven by stopping times. ACM SIGMETRICS Perform. Eval. Rev. **42**(1), 595–596 (2014)

9. Green, P.J.: Reversible jump markov chain monte carlo computation and bayesian model determination. Biometrika **82**(4), 711–732 (1995)

10. Barry, D., Hartigan, J.A.: A Bayesian analysis for change point problems. J. Am. Stat. Assoc. **88**(421), 309–319 (1993)

11. Stephens, D.: Bayesian retrospective multiple-changepoint identification. Appl. Stat. **43**, 159–178 (1994)

12. Smith, A.: A Bayesian approach to inference about a change-point in a sequence of random variables. Biometrika **62**(2), 407–416 (1975)

13. Mao, H., Netravali, R., Alizadeh, M.: Neural adaptive video streaming with pensieve. In: Proceedings of the Conference of the ACM Special Interest Group on Data Communication, pp. 197–210. ACM (2017)

14. Sadeghi, A., Sheikholeslami, F., Giannakis, G.B.: Optimal and scalable caching for 5G using reinforcement learning of space-time popularities. IEEE J. Sel. Top. Sign. Proces. **12**(1), 180–190 (2018)

15. Narayanan, A., Verma, S., Ramadan, E., Babaie, P., Zhang, Z.-L.: Deepcache: a deep learning based framework for content caching. In: Proceedings of the 2018 Workshop on Network Meets AI & ML, pp. 48–53. ACM (2018)

16. Basu, S., Sundarrajan, A., Ghaderi, J., Shakkottai, S., and Sitaraman, R., Adaptive TTL-based caching for content delivery. ACM SIGMETRICS Perform. Eval. Rev. **45**(1), 45–46 (2017)

17. OpenFlow: Openflow specification. http://archive.openflow.org/wp/documents

18. Zhang, Y., Li, P., Zhang, Z., Bai, B., Zhang, G., Wang, W., Lian, B.: Challenges and chances for the emerging shortvideo network. In: Infocom, pp. 1–2. IEEE (2019)

第 8 章　Chapter 8

边缘计算问题

　　摘要　随着物联网和移动边缘计算技术的快速发展，大量设备可以随时随地接入网络，导致网络的连接状态呈现时变性。可控性一直被认为是时变网络的基础特性之一，可以为基础网络设施的建设提供宝贵的参考意见，因此时变网络的相关问题亟须探索。在本章中，我们以智慧交通为例，首次揭露了车联网（IoV）中的可控性问题，然后基于卡尔曼可控性秩条件设计了 DND（Driver Node Detection，控制节点发现）算法来分析动态网络的可控性并定位控制节点。最后，我们通过一系列实验分析了车联网的可控性，实验结果显示了车辆密度、行驶速度、通信半径以及可控时间对时变网络可控性的影响，该结论对未来智能互联生活的建设至关重要。

8.1　背景介绍

　　以生活中的场景为例，一段马路上以一定的密度分布着行驶着的车辆，每个车辆都可以与位于其通信半径之内的其他车辆进行通信，完成信息交换[1-5]。如果把每辆车抽象为一个节点，可以通信的节点之间存在连接的边，那么在某一时刻，所有节点和边可以抽象为一个如图 8.1 所示的无向图。

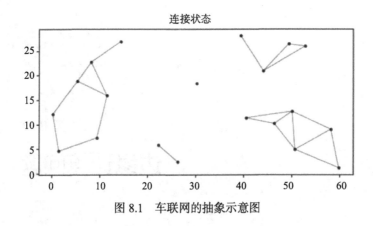

图 8.1 车联网的抽象示意图

车辆的不断移动导致车辆之间的连接状态具有动态性，因此全局的连接状态需要每隔很短的时间间隙重新计算一次[6-10]。这个时间间隙被称为刷新时间，显然车辆行驶速度越快，需要的刷新时间越短，即刷新越频繁。我们设定可控时间变量，网络中所有车辆都需要在此时间段内达到可控制的状态，通常一个可控时间内包含一个或多个刷新时间。在可控时间内，每次刷新后都要更新整个网络中车辆间的连接状态[11-16]。记录整个可控时间内每次刷新得到的连接状态，最终即可得到可控时间内的连接状态，并可以据此抽象成一个无向图。

根据上述设定，可以计算出可控时间内网络所需要的最少控制节点的数量，图 8.2 中的浅色节点即为控制节点。具体计算方法会在 8.2 节详细介绍。

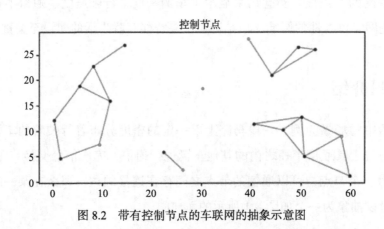

图 8.2 带有控制节点的车联网的抽象示意图

在控制节点所在的网络中，车辆的密度、行驶速度、通信半径以及刷新时间和所需的可控时间都会影响整个动态网络所需要的最少控制节点的数量[17-19]，通过对这些主要参数使用控制变量法，我们可以得到最少控制节点的数量和这些参数之间的关系。

8.2　DND：控制节点发现算法

8.2.1　变量定义

在本节中，我们定义车联网中的控制节点问题，以便获取整个动态网络所需最少控制节点的数量。为便于对问题进行描述，表 8.1 定义了所使用的变量。

表 8.1　变量定义

变量	含义
X	所计算区域的长度
Y	所计算区域的宽度
N	整个计算区域内的节点数量
N_D	整个计算区域内的控制节点的数量
P	车辆密度
R	车辆通信半径
(x_i, y_i)	车辆 i 的位置坐标
$V_i x$	车辆 i 在 x 轴方向的速度
$V_i y$	车辆 i 在 y 轴方向的速度
T	可控时间
t	刷新时间
A	无向图的 0-1 矩阵，$A_{ij}=1$ 时表示节点 i 和节点 j 之间可通信，$A_{ij}=0$ 时反之

8.2.2　建模

为计算区域设定一个坐标系 Oxy，在整个坐标系内依据 $X \sim N(P,1)$ 分布随机生成车辆节点，这些节点的坐标范围如下：

$$x_i = \text{random } [0, X) \tag{8.1}$$

$$y_i = \text{random } [0, Y) \tag{8.2}$$

根据无向图生成的邻接矩阵如下：

$$A = \begin{bmatrix} A_{11} & \cdots & & & A_{1N} \\ & \ddots & & & \\ \vdots & & A_{ij} & & \vdots \\ & & & \ddots & \\ A_{N1} & \cdots & & & A_{NN} \end{bmatrix}, \quad 1 \leqslant i, j \leqslant N \tag{8.3}$$

并且规定：

$$A_{ij} = \begin{cases} 1, & \| n_i, n_j \|^2 \leqslant R \\ 0, & \| n_i, n_j \|^2 > R \end{cases} \tag{8.4}$$

$$\| n_i, n_j \|^2 = \sqrt{(x_i - x_j)^2 + (y_i - y_i)^2} \tag{8.5}$$

每个单位时间间隔的坐标按以下规则更新：

$$(x_i, y_i) = \begin{cases} (x_i + V_i x, y_i + V_i y), & x_i + V_i x \leqslant X, \quad y_i + V_i y \leqslant Y \\ (X, y_i + V_i y), & x_i + V_i x > X, \quad y_i + V_i y \leqslant Y \\ (x_i + V_i x, Y), & x_i + V_i x \leqslant X, \quad y_i + V_i y > Y \\ (X, Y), & x_i + V_i x > X, \quad y_i + V_i y > Y \end{cases} \tag{8.6}$$

节点速度更新规则如下：

$$V_i x = \begin{cases} -V_i x, & x_i = X \\ V_i x, & x_i < X \end{cases} \tag{8.7}$$

$$V_i y = \begin{cases} -V_i y, \ y_i = Y \\ V_i y, \ y_i < Y \end{cases} \qquad (8.8)$$

每个刷新时间邻接矩阵的更新规则如下：

$$A_{ij}^{t+1} = \begin{cases} 0, \ A_{ij}^t = A_{ij} = 0 \\ 1, \ A_{ij}^t \neq 0 \quad 或 \quad A_{ij} \neq 0 \end{cases} \qquad (8.9)$$

其中 A^t 是指 t 时刻邻接矩阵的连接状态，其中包含了 t 时刻之前各节点之间的连接状态。

网络中需要的最少控制节点的数量[10]为：

$$N_D = \mu(\lambda^M) \qquad (8.10)$$

这里需要指出一点，该计算过程需要生成的邻接矩阵的无向图为连通图，对于非连通图，需要对每个连通子图独立计算，最后整合计算结果。

8.2.3　拓扑抽象

在本小节中，我们通过一个简单的示例说明如何将网络拓扑映射成一个邻接矩阵，以及基于该矩阵得到网络所需的控制节点的详细计算过程。

我们以上述连接状态图的一个连通子图为例，按照图 8.3 为每个节点指定序号。根据当前的拓扑结构，可以计算得到其邻接矩阵，如图 8.4 所示。

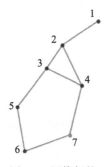

$$\begin{bmatrix} 1 & 1 & 0 & 0 & 0 & 0 & 0 \\ 1 & 1 & 1 & 1 & 0 & 0 & 0 \\ 0 & 1 & 1 & 1 & 1 & 0 & 0 \\ 0 & 1 & 1 & 1 & 0 & 0 & 1 \\ 0 & 0 & 1 & 0 & 1 & 1 & 0 \\ 0 & 0 & 0 & 0 & 1 & 1 & 1 \\ 0 & 0 & 0 & 1 & 0 & 1 & 1 \end{bmatrix}$$

图 8.3　网络拓扑　　　　　　图 8.4　图 8.3 对应的邻接矩阵

经过代数运算可得矩阵的特征值向量 $\lambda = [3.521, 2.284, 1.272, -0.846, -0.231, -0.618, 1.618]^T$，由于各特征值不同，我们指定 $\lambda^M = 1.618$，其中最大几何重数 $\mu(\lambda^M) = 1$。

至此可以得到该网络所需的最少控制节点数量为 1，按如下步骤继续计算可以定位到具体哪个节点为控制节点。

计算矩阵 $\boldsymbol{B} = \boldsymbol{A} - \lambda^M \boldsymbol{E}_N$，其中 $\boldsymbol{E}_N$ 为单位矩阵，结果如图 8.5 所示。

$$\begin{bmatrix} -0.618 & 1 & 0 & 0 & 0 & 0 & 0 \\ 1 & -0.618 & 1 & 1 & 0 & 0 & 0 \\ 0 & 1 & -0.618 & 1 & 1 & 0 & 0 \\ 0 & 1 & 1 & -0.618 & 0 & 0 & 1 \\ 0 & 0 & 1 & 0 & -0.618 & 1 & 0 \\ 0 & 0 & 0 & 0 & 1 & -0.618 & 1 \\ 0 & 0 & 0 & 1 & 0 & 1 & -0.618 \end{bmatrix}$$

图 8.5　矩阵 $\boldsymbol{B}$

通过基本列变化得到矩阵 $\boldsymbol{B}$ 的最简列阶梯形式，如图 8.6 所示。

$$\begin{bmatrix} 1 & 0 & 0 & 0 & 0 & 0 & 0 \\ 0 & 1 & 0 & 0 & 0 & 0 & 0 \\ 0 & 0 & 1 & 0 & 0 & 0 & 0 \\ 0 & 0 & 0 & 1 & 0 & 0 & 0 \\ 0 & 0 & 0 & 0 & 1 & 0 & 0 \\ 0 & 0 & 0 & 0 & 0 & 1 & 0 \\ 0 & 0 & 0.618 & -0.618 & 1 & 0 & 0 \end{bmatrix}$$

图 8.6　矩阵 $\boldsymbol{B}$ 的最简列阶梯形式

通过观察该矩阵，可得其最后一行和其他行线性相关，则该行对应的节点为控制节点，即图 8.3 中的浅色节点。

8.3　DND 实验及分析

实验设定一个长 X 米、宽 Y 米的马路场景，并根据马路的宽度 Y 将整条马路分为 X/Y 部分。在每部分根据泊松分布随机生成车辆节点，并根据设定的速度为每个

节点指定 x 轴方向和 y 轴方向上的速度：$V_i x$ 和 $V_i y$。为体现速度的相对随机性，速度分别取值为 $V_i x \pm 2$ 和 $V_i y \pm 2$ 的随机值。通信半径和可控时间则根据实验需求设定。在根据节点速度更新其位置信息时，我们规定当节点运动到区域边界时，对该轴对应的速度取反且继续运动，这样也能保证整个计算区域内节点的数量不变。

根据上述模型，通过对行驶速度、通信半径、车辆密度和可控时间设置不同的值来得到实验结果。为了消除节点生成过程中随机性带来的影响，我们规定除了以密度为定值的实验之外，其余实验中节点数据保持一致。我们在每种参数设定下都重复进行 100 组随机实验，最终求取结果的平均值。

8.3.1 通信半径

当只考虑某一时刻的状态，即忽略刷新和节点移动等因素时，网络所需的控制节点的数量和节点的通信半径的关系如图 8.7 所示。

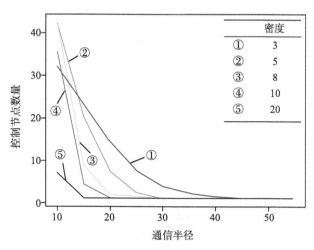

图 8.7 控制节点数量和通信半径的关系

图 8.7 中横坐标代表节点以米为单位的通信半径，纵坐标代表网络所需控制节点的数量，不同的曲线代表了不同的节点密度，其中密度的值为每 90 平方米的节点数量。在通信半径为 10 的条件下，实验结果表明密度为 3 时需要的控制节点数量比密

度为 5 或 8 时需要的控制节点数量更少，这是因为密度为 3 时整个网络中的节点总数远小于其他情况的数量，实际上该条件下控制节点的数量占总节点数量的比例是最高的。

从图 8.7 中可以看出，随着通信半径的增加，整个网络所需的控制节点的数量会逐步减小，最终趋近于最小值 1。控制节点数量整体呈下降趋势的原因是随着通信半径的增加，每个节点可以与更多的节点建立连接关系，这使得整个网络连接的度在不断增大。不同的密度条件会导致度的增速不同，密度越大，度的增速越快，从而使得所需控制节点的数量呈现不同速率的下降趋势。

8.3.2　节点密度

当与上述实验保持相同设置，且也只考虑某一时刻的状态时，网络所需的控制节点的数量与节点密度的关系如图 8.8 所示。其中 5 条曲线代表 5 种不同的通信半径。整个网络需要的控制节点的数量随着密度的增加而减小，并且最终趋于最小值 1。

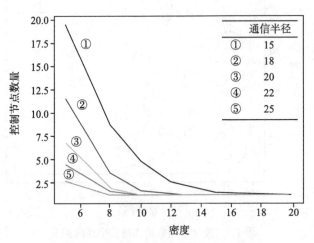

图 8.8　控制节点数量和节点密度的关系

在不同的通信半径条件下，网络所需控制节点的数量随着密度的增加呈现出不同的下降速率，并且通信半径越大下降越快。这是因为增加相同的节点密度时，每个节点增加新建连接节点的数量与通信半径的平方成正比，所以通信半径越大，接近控制节点数量最小值的速度就越快。

8.3.3 节点速度

当把节点移动速度作为控制变量时，改变其他属性的值导致网络所需控制节点的数量变化的情况如图 8.9 所示。6 条曲线代表 6 种不同的可控时间、节点通信半径和节点密度的组合。随着速度的增加，其需求的刷新频率也需要增加，相同的可控时间内整个网络连接的度随之增加，从而使得每种情况对应的所需控制节点的数量都呈现下降趋势，并且最终趋近于最小值 1。

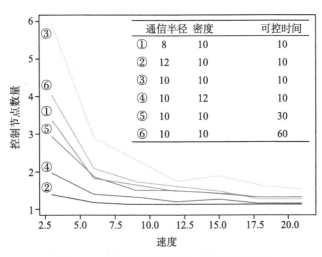

	通信半径	密度	可控时间
①	8	10	10
②	12	10	10
③	10	10	10
④	10	12	10
⑤	10	10	30
⑥	10	10	60

图 8.9 控制节点数量与节点速度的关系

8.3.4 可控时间

当把可控时间作为控制变量时，改变其他属性设置导致网络所需控制节点的数量变化的情况如图 8.10 所示。6 条曲线代表 6 种不同的可控时间、节点通信半径和节点密度的组合。不难发现，随着可控时间的增加，刷新的次数会增加，也即增加了整个可控时间内网络连接的度，从而导致网络所需的控制节点的数量呈现下降趋势，最终趋近于最小值 1。

当考虑了节点移动速度和可控时间对动态网络的影响时，整个网络连接的度会大大增加，因此后两组实验中所需控制节点的数量远小于前两组实验。虽然实验是依据仿真数据得到最终结果的，但结论依然具有通用性，如有条件可与相关机构合作通过真实数据进行进一步验证。

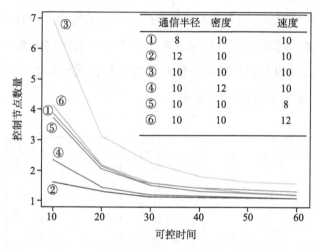

	通信半径	密度	速度
①	8	10	10
②	12	10	10
③	10	10	10
④	10	12	10
⑤	10	10	8
⑥	10	10	12

图 8.10　控制节点数量与可控时间的关系

8.4　总结

动态网络中节点的快速移动导致网络结构快速变化，网络的可控性面临着巨大的挑战。我们将现代控制理论的方法应用到真实的网络场景中，准确计算出时变网络在可控的条件下所需的最少控制节点数量，并且得到了主要参数与所需最少控制节点数量之间的关系。如果将这一结论运用于具体的网络场景，则可以大大节省网络基础设施的部署成本并提升网络效率。本书仅完成了相关领域的部分工作，如接入点的部署等具体应用场景还需要进一步完善。

参考文献

1. Xiao, Z., Moore, C., Newman, M.E.J.: Random graph models for dynamic networks. Eur. Phys. J. B **90**(10), 200 (2016)
2. Casteigts, A., Flocchini, P., Quattrociocchi, W., Santoro, N.: Time-varying graphs and dynamic

networks. Int. J. Parallel Emergent Distrib. Syst. **27**(5), 387–408 (2012)

3. Gerla, M., Lee, E.K., Pau, G., Lee, U.: Internet of vehicles: from intelligent grid to autonomous cars and vehicular clouds. In: Greengard, S. (ed.) Internet of Things. MIT Press, Cambridge (2016)

4. Alam, K.M., Saini, M., Saddik, A.E.: Toward social internet of vehicles: concept, architecture, and applications. IEEE Access **3**, 343–357 (2015)

5. Kaiwartya, O., Abdullah, A.H., Cao, Y., Altameem, A., Liu, X.: Internet of vehicles: motivation, layered architecture network model challenges and future aspects. IEEE Access **4**, 5356–5373 (2017)

6. Wang, W.X., Ni, X., Lai, Y.C., Grebogi, C.: Optimizing controllability of complex networks by minimum structural perturbations. Phys. Rev. E Stat. Nonlinear Soft Matter Phys. **85**(2) Pt 2, 026115 (2012)

7. Francesco, S., Mario, D.B., Franco, G., Guanrong, C.: Controllability of complex networks via pinning. Phys. Rev. E Stat. Nonlinear Soft Matter Phys. **75**(2), 046103 (2007)

8. Pasqualetti, F., Zampieri, S., Bullo, F.: Controllability metrics, limitations and algorithms for complex networks. IEEE Trans. Control Netw. Syst. **1**(1), 40–52 (2014)

9. Cornelius, S.P., Kath, W.L., Motter, A.E.: Realistic control of network dynamics. Nat. Commun. **4**(3), 1942 (2013)

10. Yuan, Z., Zhao, C., Di, Z., Wang, W.X., Lai, Y.C.: Exact controllability of complex networks. Nat. Commun. **4**(2447), 2447 (2013)

11. Lombardi, A., Hörnquist, M.: Controllability analysis of networks. Phys. Rev. E **75**(5) Pt 2, 056110 (2007)

12. Mauve, M., Vogel, J., Hilt, V., Effelsberg, W.: Local-lag and timewarp: providing consistency for replicated continuous applications. IEEE Trans. Multimedia **6**(1), 47–57 (2004)

13. Wang, H., Shea, R., Ma, X., Wang, F., Liu, J.: On design and performance of cloud-based distributed interactive applications. In: 2014 IEEE 22nd International Conference on Network Protocols (ICNP), pp. 37–46. IEEE (2014)

14. Pujol, E., Richter, P., Chandrasekaran, B., Smaragdakis, G., Feldmann, A., Maggs, B.M., Ng, K.-C.: Back-office web traffic on the internet. In: Proceedings of the 2014 Conference on Internet Measurement Conference, pp. 257–270. ACM (2014)

15. Zaki, Y., Chen, J., Potsch, T., Ahmad, T., Subramanian, L.: Dissecting web latency in ghana. In: Proceedings of the 2014 Conference on Internet Measurement Conference, pp. 241–248. ACM (2014)

16. Yue, K., Wang, X.-L., Zhou, A.-Y., et al.: Underlying techniques for web services: a survey. J. Softw. **15**(3), 428–442 (2004)

17. Li, X., Wang, X., Wan, P.-J., Han, Z., Leung, V.C.: Hierarchical edge caching in device-to-device aided mobile networks: modeling, optimization, and design. IEEE J. Sel. Areas Commun. **36**(8), 1768–1785 (2018)

18. Sadeghi, A., Sheikholeslami, F., Giannakis, G.B.: Optimal and scalable caching for 5G using reinforcement learning of space-time popularities. IEEE J. Sel. Top. Signal Process. **12**(1), 180–190 (2018)

19. Mao, H., Netravali, R., Alizadeh, M.: Neural adaptive video streaming with pensieve. In: Proceedings of the Conference of the ACM Special Interest Group on Data Communication, pp. 197–210. ACM (2017)

推荐阅读

雾计算与边缘计算：原理及范式

作者：Rajkumar Buyya, Satish Narayana Srirama ISBN：978-7-111-64410-1 定价：119.00元

本书对驱动雾计算和边缘计算的前沿应用程序和架构进行了全面概述，同时重点介绍了潜在的研究方向和新兴技术。

本书适时探讨了可扩展架构开发、从封闭系统转变为开放系统以及数据感知引起的道德问题等主题，以应对雾计算和边缘计算带来的挑战和机遇。书中由资深物联网专家撰写的章节讨论了联合边缘资源、中间件设计、数据管理和预测分析、智能交通以及监控应用等主题。本书能够帮助读者全面了解雾计算和边缘计算的核心基础、应用及问题。